ei's "Otori-yose"

網購美食宅幸福

2

漫畫
插畫

中村明日美子

小說

榎田尤利

contents

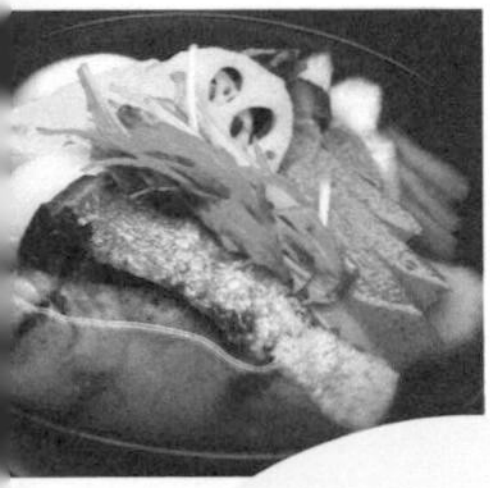

宅配美食的
information為
2018年2月
的情報。

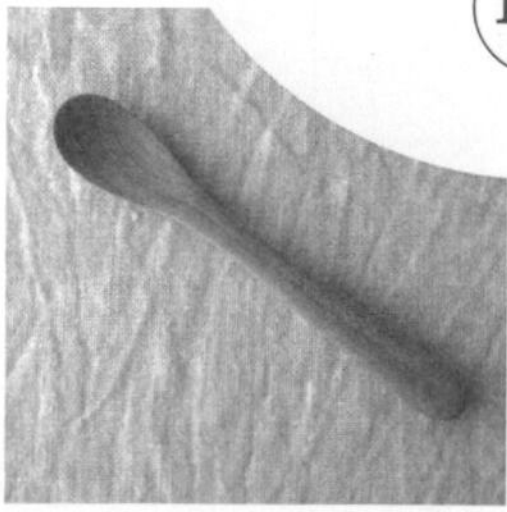

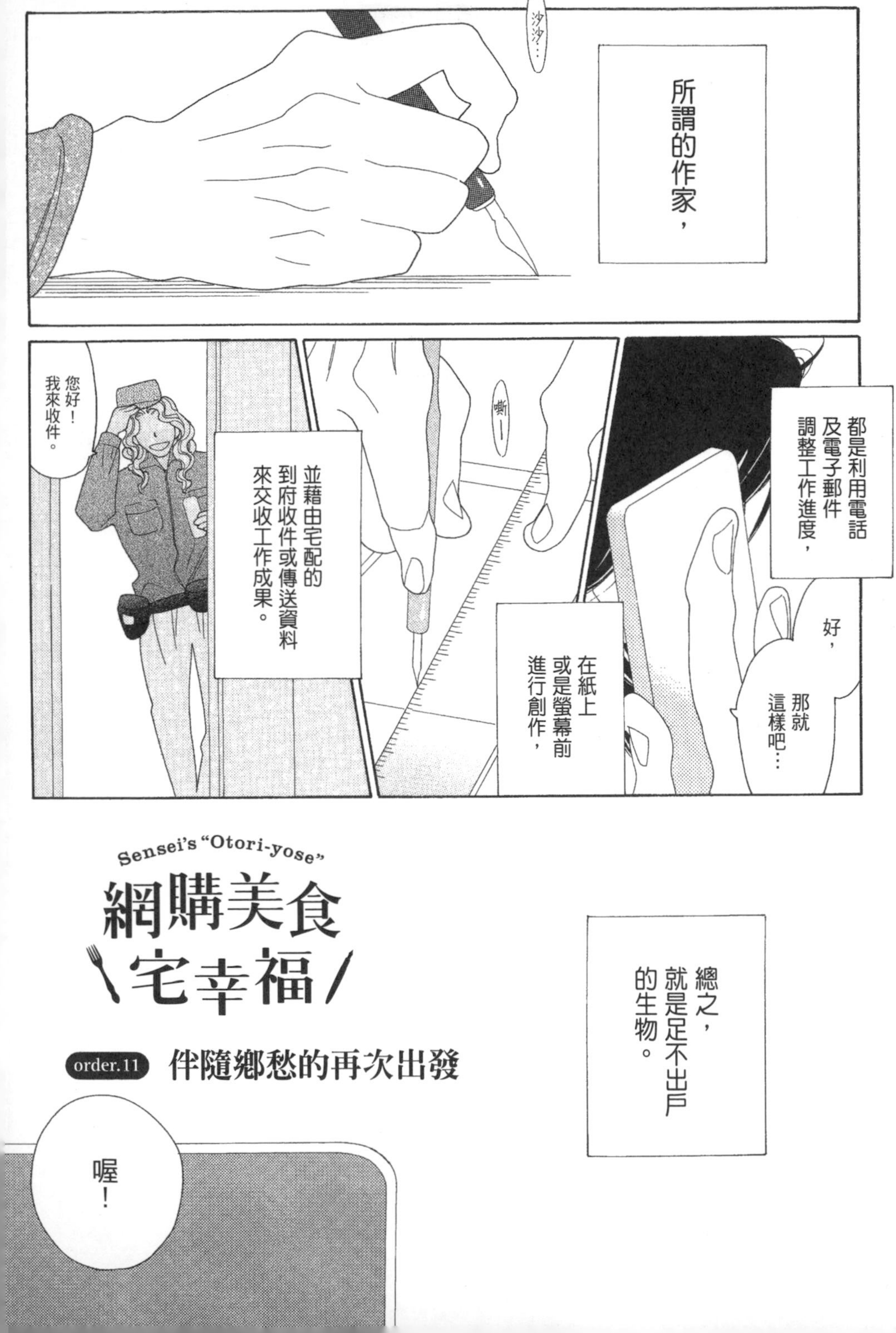
沙沙…
所謂的作家，
都是利用電話及電子郵件調整工作進度，
好，那就這樣吧…
在紙上或是螢幕前進行創作，
嘶—
並藉由宅配的到府收件或傳送資料來交收工作成果。
您好！我來收件。
總之，就是足不出戶的生物。
Sensei's "Otori-yose"
網購美食 宅幸福
order.11 伴隨鄉愁的再次出發
喔！

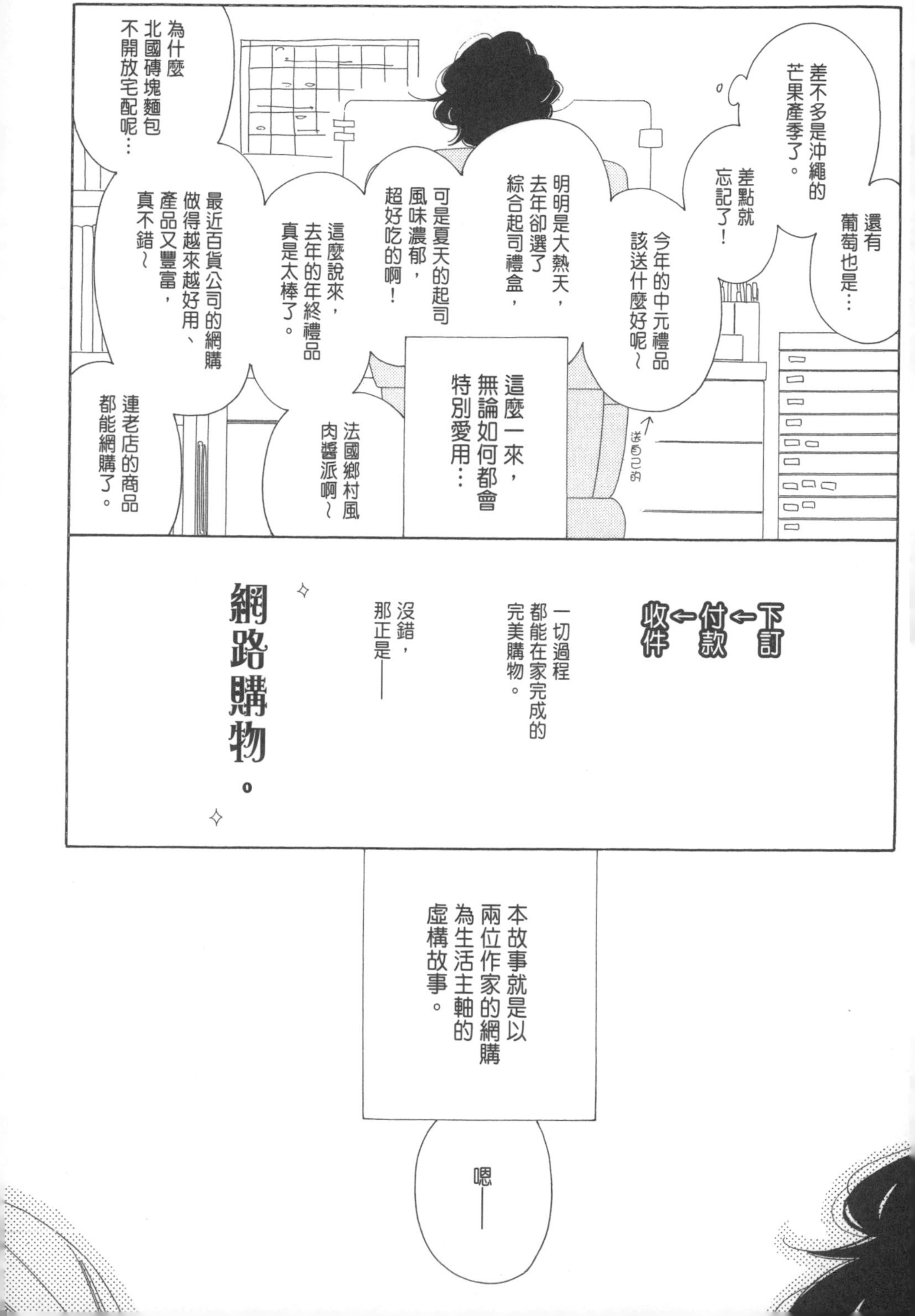

差不多是沖繩的芒果產季了。
還有葡萄也是…
差點就忘記了！
今年的中元禮品該送什麼好呢～
送自己的
明明是大熱天，去年卻選了綜合起司禮盒，
可是夏天的起司風味濃郁，超好吃的啊！
這麼一來，無論如何都會特別愛用…
這麼說來，去年的年終禮品真是太棒了。
法國鄉村風肉醬派啊～
最近百貨公司的網購做得越來越好用、產品又豐富，真不錯～
為什麼北國磚塊麵包不開放宅配呢…
連老店的商品都能網購了。
下訂←付款←收件
一切過程都能在家完成的完美購物。
沒錯，那正是——
網路購物。
本故事就是以兩位作家的網購為生活主軸的虛構故事。
嗯——

駁回。
坂請
行帶走。
花魁吸血鬼
KYOKO
2nd season
草圖#1
花魁吸血鬼
KYOKO
2nd season
駁、
回…
？
是的，依據總編輯判斷。
我的

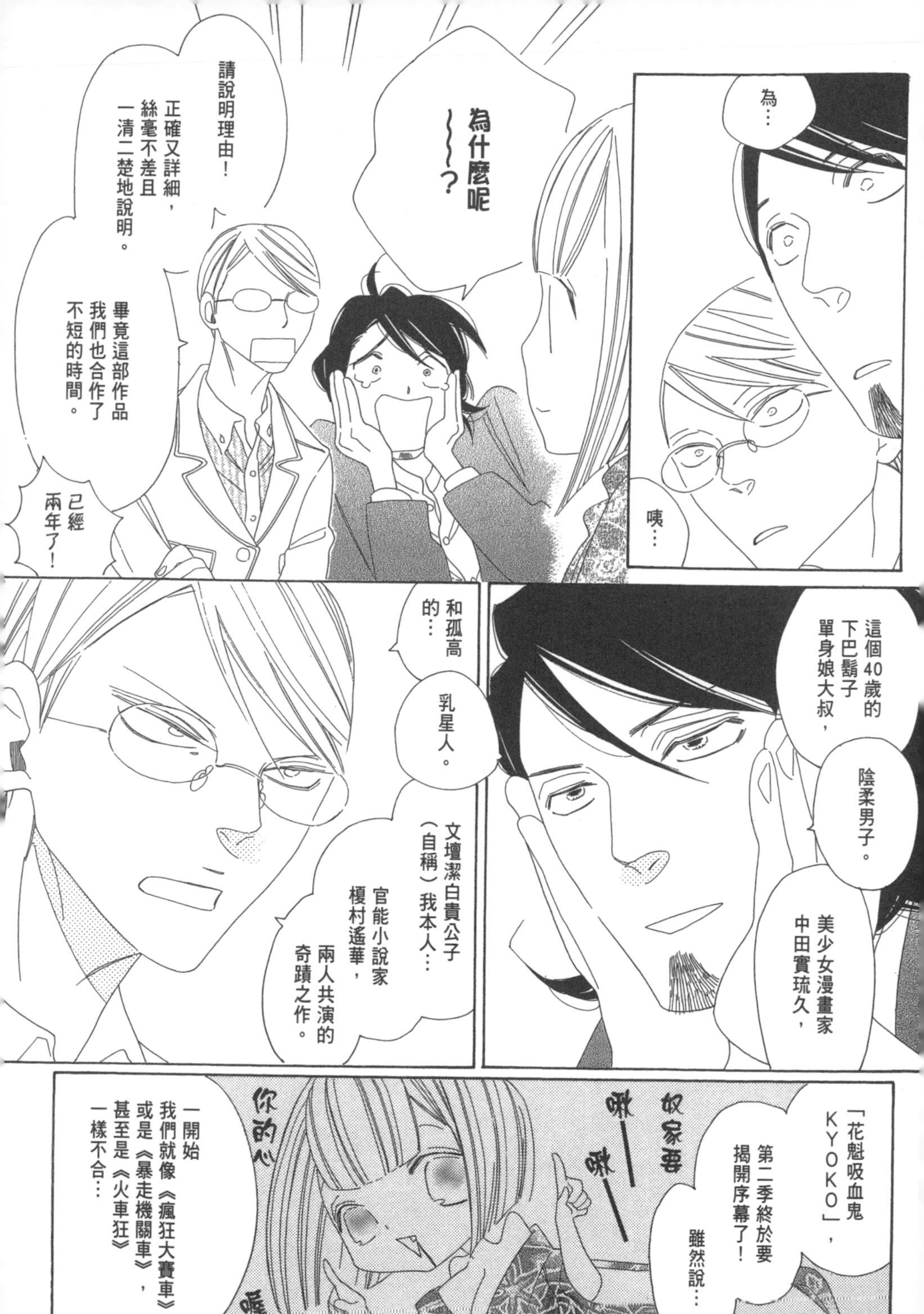
為…
咦…
為什麼呢~~~？
請說明理由！
正確又詳細，絲毫不差且一清二楚地說明。
畢竟這部作品我們也合作了不短的時間。
已經兩年了！
這個40歲的下巴鬍子單身娘大叔，
陰柔男子。
美少女漫畫家中田實琉久，
和孤高的…
乳星人。
文壇潔白貴公子（自稱）我本人…
官能小說家榎村遙華，
兩人共演的奇蹟之作。
「花魁吸血鬼KYOKO」，
第二季終於要揭開序幕了！
雖然說…
奴家要
啾—
啾—
你的心
唷
一開始我們就像《瘋狂大賽車》或是《暴走機關車》，甚至是《火車狂》一樣不合…

但最近
步調也逐漸一致，
開始產生了不錯的
化學效應。
第二季的人物設定
跟草圖也完成了，
感覺很不錯，
為什麼…
我想…
就是那種
不錯的化學效應
產生了反效果吧？
首先…
角色
沒有魅力，
個性外貌特質
也都隨處可見，
KYOKO的
新服裝跟特技
都毫無新意，
相當無趣。
故事也是千篇一律，
只要看開頭發展
就能知道結尾，
完全迎合現在流行，
毫無獨創感。
只能用劣等來形容，
根本沒有討論價值。
再說得直接點，
就是一成不變。

啊——真讓人火大，
什麼東西啊…
揉爛
揉爛
不過是個娘娘腔!!
不、不好意思，榎村老師。
會議
14：00～
花魁吸血鬼
KYOKO 2nd
榎村老師
中田老師
可惡!!
新總編輯雖然外表那樣，但講話都很直接…
沒有什麼好道歉的啦…
算了…
反正這是工作，沒有關係啦…
他原本負責青年雜誌，
所以該說是見多識廣嗎…
我外出去收原稿
三天沒睡了
COMIC
LOVE
分鏡還沒好嗎？
啊啊，原來如此。
中田老師也是，真的很抱歉。
至少說話方式也該…
中田老…
師…

幾天後…
死刑喔！
影子
死…
刑…？
噠…
是啊，是奴家的決定。
為、
為什麼？
首先，
血很難吃。
塗黑
這個畫面逆光

連醫生都會嫌棄的高血壓高血糖濃稠血液！
唔啊！
外貌跟聲音更是低級，毫無魅力！
更別說靈魂了！
卑劣下流卻還愚蠢得自認為是一匹孤狼，
對上更是逢迎巴結毫無自尊可言，只能用味噌浮渣形容，完全無用！真是令人厭惡的騙子。
再說得直接一點，就是豬飼料。
喀

可能？
會切斷？

乳乳
隨信附上修改的
草稿。
再麻煩你確認了。
中田
嘰……
榎村家
中田家
咱嗐！
吸——
呼——……
吸——……
你這傢伙!!
畫那啥米東西啊!!
Tom Ford
公私不分
也該有個限度！

踩
喂！陰叔，你怎麼了？吃了壞掉的東西嗎？
唔唔唔…
我好像越來越聽得懂津輕腔了…
TOMIZAWA
不使用化學調味料
雞蛋香鬆
容量三〇g
綜合雞蛋與烤海苔，帶點微甜味的美味香鬆。
嗯？
起身
酒保先生、
酒保先生…
大便蹲法
聽我說啊！
香鬆…？
啊！
剛才…
好～♪修改過的草稿也寄出去了…

今天的午餐呢～♪
是之前網購來的～
美、味、香、鬆♡
打開
打開
米盒
打開
喀…
喀沙…
沒有米了…!!
就是這樣。
喔…
…別擔心，陰叔丸。
起身
陰叔丸？
我來當你的救飯主吧!!
在這等一下!!
衝!
真、真厲害!!
救了飯也救了我呢!!

ど
農樹
®
http://www.nohju.jp
ん
農…
樹？
打開
沒錯，然後裡面就是…
米篩網選用了少見的2.1mm!!
哈哈
哈
不要
奇怪…
「農樹越光米
kyoto rice has history.」
Kyoto rice has history.
農樹
京都丹波 特別栽培米 こしひかり
5kg
嚴選又嚴選而散發光芒的大顆米粒正是…
啊！
啊!!
喔喔！
包裝好有京都味！
TANBA
先煮再說!!
大膽又纖細的手法!!
沒錯!!
畢竟還要時間嘛！

咕嘟咕嘟咕嘟……
嗯……
不過，怎麼說呢……
新總編輯說的話也是很有道理……
當有了一定程度的資歷後……
該說是習慣……還是條件反射？
實在很容易流於慣性。
我們時常會將……
喂！
你這個被虐狂！
沉浸在回憶裡。
……呃……就是說呢……
總而言之……
雖然有超級多障礙，但首先……
大叔跟蘿莉？
男大姊跟偽娘？
對方是……
一個孩子的爸爸。
HAPPY FAMILY
就是說呀!!

怎麼啦？難道你真的中意他嗎？
討厭～～真的不是不是啦！
滾來滾去
可是～～～
扭來
扭去
唉……
…總覺得好久沒這樣…
被人如此嚴厲地責罵了。
不覺得越來越少人會這樣對我們說話嗎？
而且，
他還用那張蘿莉般的天使臉孔說出超級虐待狂的尖銳話語，這樣的落差將我的被虐琴弦如金格·萊恩哈特一樣撥動彈奏。
嗶嗶嗶…
嗶嗶嗶～♪
喔！飯煮好囉，變態。

白飯山丘
…那麼，首先就單吃米飯看看。
我開動了——
鬆軟…
嚼
嚼
唔…
嗯…
好好吃——!!
就說吧!?
不可以亂甩筷子!!

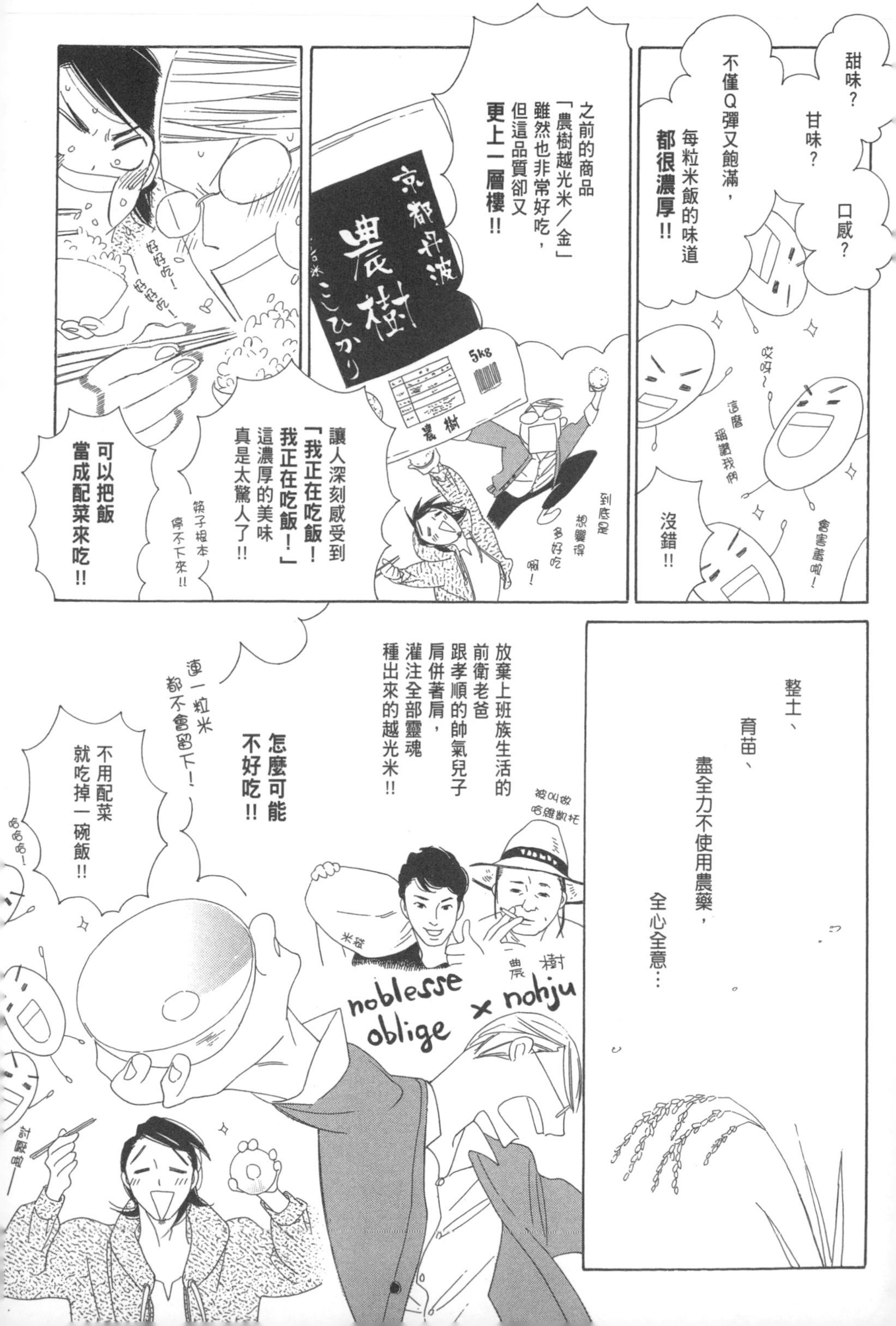

甜味？
甘味？
口感？
不僅Q彈又飽滿，
每粒米飯的味道
都很濃厚!!
哎呀～
這麼稱讚我們
會害羞啦！
沒錯!!
之前的商品「農樹越光米／金」雖然也非常好吃，但這品質卻又
更上一層樓!!
京都丹波
農樹
こしひかり
5kg
農樹
到底是想讓得多好吃啊！
讓人深刻感受到「我正在吃飯！我正在吃飯！」這濃厚的美味真是太驚人了!!
好好吃～！
好好吃～！
可以把飯當成配菜來吃!!
筷子根本停不下來!!
整土、
育苗、
盡全力不使用農藥，
全心全意…
放棄上班族生活的前衛老爸跟孝順的帥氣兒子肩併著肩，灌注全部靈魂種出來的越光米!!
被叫做哈雞凱托
米袋
農樹
noblesse oblige × nohju
怎麼可能不好吃!!
連一粒米都不會留下！
不用配菜就吃掉一碗飯!!
哈哈哈！
討厭啦——

好了！
可沒空鬆懈！
再吃第二碗吧!!
是!!
富澤商店的獨創商品，
「雞蛋香鬆」…
我開動了…
好…
吃——!!
深深觸動日本人的鄉愁！
雞蛋與烤海苔組成的黃金搭檔!!
對吧？
是我家常備的配菜呀——♥
怎麼回事？
怎麼這麼好吃！

濃郁的高湯!!
強烈的鮮味!!
光是升上來的熱氣就已經相當鮮甜美味了!!
沒有錯!沒有錯!
這香鬆雖然簡單但是做的過程相當仔細用心，
完全不使用化學調味料!!
雞蛋香鬆
綜合雞蛋與烤海苔，帶點微甜味的美味香鬆。
不假他人之手，由自家工廠的員工挑選、裝袋的原創商品，
兼具了「品質管理」、「正確標示」、「鮮度管理」，
而且，他們每天都會親自接觸食品，以人類的五感來守護食品本身的安全性!!
富澤商店這個品牌，從製作甜品、麵包、日式材料、香料到烘焙器具等皆涵蓋。
商品琳瑯滿目又齊全，無論專業或業餘，只要會進廚房的人都會為其醉心。
富澤商店
外牆的海鼠壁也很棒…
安心又值得信賴的富澤品質。
希望能讓更多人體會到…製作料理的喜悅，以及品嘗時所能感受的幸福。
這種地方所製作的香鬆，怎麼可能會不好吃呢!!
做成飯糰也很美味!
溫醇又美味!
溫醇又美味啊!!

呼—
竟然吃掉了三杯米量的飯……
這也沒辦法…
…你畫的新草稿…
我突然覺得好像真的很棒…
就說吧…？
就這樣交出去吧…
呵呵…
說不定會很輕鬆就通過囉？
呵呵呵…
呵呵…
他們兩人，
還不知道自己之後會陷入完全駁回的暴風雨之中。
但那又是另一個故事了。

order.11／END

宅配美食 *Information*

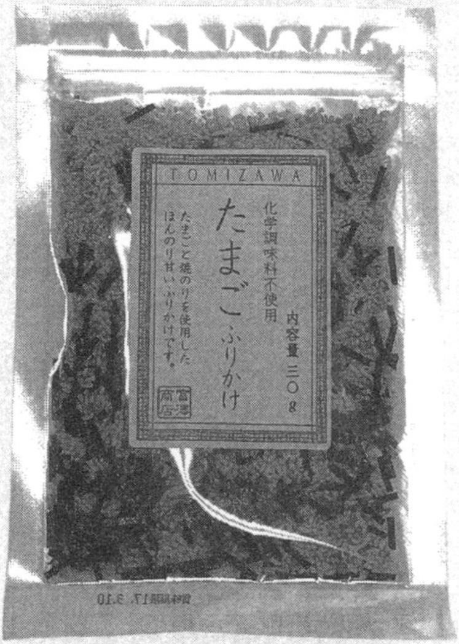

農樹越光米／

Kyoto rice has history.

[農樹]

[價格] 2kg／日幣1,697圓（本體價格）＋稅；
5kg／日幣4,166圓（本體價格）＋稅

[保存期限] 精製後 1 年

於世界著名景點「京都」所栽種的越光米，無論是日本當地或海外市場都幾乎沒有販賣，相當稀有。更是極度不使用農業用或化學肥料栽培的特殊栽培米。不僅口感扎實得令人驚異，更能體會到越咀嚼就越香甜的風味。「農樹／金」還有方便的米袋，也很推薦。

⇒ http://nohju.jp/

雞蛋香鬆 [富澤商店]

[價格] 30g／日幣194圓

[保存期限] 12個月（未開封）

1919年創業的老店，除了在東京町田的本店之外，日本全國也有64間直營店。主要販售商品為業務用的麵包、甜點材料。更販售超過7000種的餐廚用具及超級食物。除此以外，「輕鬆拌雜糧　紫蘇梅」也相當推薦，只要拌入煮好的白飯，就能立刻變成飯糰或是便當。

⇒ http://tomiz.com/

Sensei's
"Otori-yose"
★★★

網購美食宅幸福

order.12

躍動之心，躍動之米

如果可以帶三個人去無人島，會選誰呢？

先不管如果加上自己又帶三個人去，總共就有四個人，那根本算不上什麼無人島這種吐嘈，榎村是這麼回答的……

1. 外科醫生（附帶醫療用具）

2. 牙醫（附帶醫療用具）

3. 農人（附帶農具及種子）

可能有人會問，「難道就不需要內科醫生嗎？」但是外科醫生與牙醫都應該有一定程度的內科知識才對。在這種時候，也只能夠這樣勉強混用了。畢竟在無人島生活，應該會比較需要外科醫生的手腕才對，沒有人會想自己切割自己縫合吧？

至於農人，應該沒有人會反對吧？在無人島最不可或缺的就是確保食物的知識與技術了。最好會種米，因為榎村就是個

沒有米就活不下去的人。

再來是牙醫。

這也是不可或缺的夥伴。

只要有體驗過蛀牙惡化時那種椎心之痛的人，應該都會同意吧？外科醫生無法治好蛀牙，要是牙齒出了問題就會無法進食，無法進食人就會死亡。無人島也沒有便利商店，買不到能量果凍飲那種可以吸食的商品。所以，一定要帶著醫生前往無人島才行。附帶一提，如果是**胸部相當豐滿的牙醫**就更好了。這樣應該就能忍耐充滿疼痛的治療過程。機會難得，乾脆外科醫生跟農人都是巨乳……

「唔啊！」

「榎村先生，再麻煩您將嘴巴稍微張大一點喔！」

被牙醫這麼一說，榎村慌慌張張地張大嘴。現在不是該在腦海裡想像無人島生活的時候，因為榎村現在正在接受牙醫的治療。

「再一下就結束了。」

「豪…」

雖然很想開口說「好」，但因為嘴巴張得大大地而無法好好發音。另外，榎村的牙醫是五十歲左右的男醫生，理所當然

地不是位巨乳。雖然稱不上相當親切，但說明相當仔細，技術也很好。

「現在要裝新的牙冠上去了。」

「豪。」

「可以往右偏一點嗎？」

「豪。」

五年前左右，因為遇到庸醫不幸讓蛀牙惡化，痛得晚上都睡不著，那時候拯救他的就是這間診所。在那之後，他就定期來這裡就醫，牙齒的問題也因此減少了不少。這次是因為以前裝的牙冠交接處開始轉成初期蛀牙，除了治療以外也會換上新的陶瓷牙冠……

「啊！」

「……喔啊？」

牙醫的手一瞬間停止了動作。榎村雖然睜大了眼睛，卻因為頭上燈光太過炫目而看不清楚。牙醫又繼續開始治療，過了一下子後，聽到「好了，請漱口。」然後椅子發出嗡嗡聲地動了起來。他可以感覺到嘴巴裡新牙冠的觸感，看來已經順利裝好了。榎村用手帕擦了擦嘴唇後，看向了牙醫。

「醫生，謝謝……」

「不好意思。」

「咦？」

聽到醫生突如其來的道歉，榎村不禁一陣困惑。難道出了什麼錯嗎？是不是磨掉了什麼不該磨的地方？不不不，他這麼信賴的醫生怎麼可能會出這種錯……

正當榎村如此為自己打氣時，卻看到醫生一臉正經又肯定地說出：**「不好意思，我失敗了。」**

「咦？好、好可怕！」

「沒錯，很真的很可怕……患者一被醫生道歉，真的會非常不安……」

「那、那位醫生到底是在什麼地方出錯了？」

「新的牙冠稍微缺了一小角的樣子，他將牙冠裝上後開始調整，在最後的最後失誤了……真的只是缺了一點點。醫生說他會從打模開始全部重做，一直拚命跟我道歉……醫生也會自己負擔新陶瓷牙冠的費用，大約十二萬圓。」

「十二萬……」

坐在榎村對面的岩石一臉心痛，就像自己的錢包被掏空一樣。沒錯，陶瓷牙冠真的相當高價。

這裡是在東京都內，REFRESH出版附近的甜點店。

榎村跟責編岩石來這裡開會，也講到了之前在牙醫那發生的事。榎村眼前是多加一份小倉紅豆的蜜豆寒天，岩石則是點了抹茶巴伐利亞布丁。雖然說來到這間店不可能不點蜜豆寒天，但是抹茶巴伐利亞布丁看起來也很好吃。深綠色的巴伐利亞布丁**充滿彈性地**搖晃著；榎村對有彈性搖晃的東西都毫無抵抗力。

「老師，你要吃一點看看嗎？」

聽到岩石這麼說後，榎村心裡一驚。難道自己的表情看起來真的那麼飢渴嗎？

「不，這怎麼可以。」
「這邊我還沒有吃，請用吧！」
「不，應該是只有女孩子們之間才能這麼做吧？像我這種大叔實在是………那我就不客氣了。」
原本榎村還想要控制自己，但在充滿魅力的甜點面前，簡直可以說是無謂的抵抗。稍微試吃了一口的抹茶巴伐利亞布丁**軟嫩又富有彈性**，相當美味。
「那麼，老師暫時還得繼續去看牙醫才行呢！」
「沒錯，還必須再去兩次。不過那間牙醫也不算遠……而且，其實我心裡有點感動。」
「因為牙醫這麼老實嗎？」
「沒錯。還有他講的那句話。」
——不好意思，我失敗了。
多麼直率簡潔的一句話啊。
「現在想想，其實他可以用很多藉口矇混過去。像是還有必要繼續調整、陶瓷的密度不夠之類的……不過，醫生卻相當誠實地告訴我，還說是自己的錯。」
醫生像這樣低頭道歉，還說「希望能重新來過」。
「雖然真的要說起來，也是理所當然……但是人不管到了幾歲，不對，**年紀越長就越不願意承認自己的失誤啊……**」
「啊啊，這個……我懂。」
岩石深深地點了點頭。畢竟她也已經可以稱作是資深編輯了。
「該說是比年輕時更害怕失敗嗎……像是在寫企劃時也會下意識選擇比較安全的方案……」
「畢竟，現在出版低迷的情況也很難冒險吧？」
「可是，**要是在守城戰時兵糧吃到見底了，命運也就到此為止了**。總編輯總是說我們REFRESH出版必須時常維持攻擊的姿態。就是這樣，雖然很不好意思……」
岩石放下了掬起巴伐利亞布丁的湯匙，用力地低下了頭。看到她那個樣子，榎村心裡想著：「——果然如此。」由於已經做好了心理準備，他一點也不驚訝。
「提案**沒過**吧？」
「是……」
「而且是**全部沒過**吧？」
「是……」
「這是第七次**沒過**了吧，對嗎？」
「是第八次……」
「……我可以再吃一口巴伐利亞布丁嗎？」
榎村一問完，盛裝著抹茶巴伐利亞布丁的容器就唰地一聲被推到了他的面前。
沒過。
啊啊，沒過。
各位知道「沒過」這個詞是從哪裡來的嗎？
來自於「*沒書*」，意思是投稿的原稿等文件未受採用。根本就是字面上的意思嘛！嘛——嘛——（回音）。

至於全部沒過就代表了完全都沒通過採用，有時候會只有部分沒過，也就是說修改後就能刊登了。但全部沒過就是完全失敗，要從頭開始來過了、了——了——（回音）。**有著「去給我洗臉重來」的意思**，完全粉碎了創作者的心。

「……我知道了，會再重新想過。」

「真的很不好意思。這麼多次……」

榎村冷靜地對感覺很尷尬的岩石說：

「不，我才該覺得不好意思。」

「還讓你們幫忙看這麼多次，都已經不是剛出道的新人了，還讓編輯花這麼多時間。」

「請別這麼說。如果我可以多派上點用場就好了……真是太沒用了……」

「這次總編輯說了什麼？」

「那個……」

「請老實告訴我。」

岩石微微低下頭，一副難以啟齒的樣子，最後還是開口說道：

「把想要的劇情全部都聰明地整理了進去，雖然收尾很不錯，但一點都不讓人興奮……」

這又是讓人相當受挫的一擊。榎村原本打算乾笑回應，但臉頰卻只有不自然地抽搐了幾下。

「呃……還有……總編輯還說：『**榎村老師明明就可以再更不客氣，放膽創作的。**』因為，最近**老師特有的風格**似乎都沒有表現出來……」

「特有的風格……」

岩石調整了坐姿，露出了下定決心的表情。

「小說原本應該可以創造出更加有深度的角色個性，但這次的原作……」

這就是在說我寫得不好吧？

榎村推了推眼鏡，心裡這麼想著。雖然不甘心，但那個偽娘總編輯說的話的確相當精準。或許他太過考慮到漫畫化……不知不覺中連人物個性都設定得過於簡單了。

「可是……漫畫跟小說裡能夠放入的情報量差太多了……」

「我原本也是這麼想的，但是總編輯他……」

總編輯當時，似乎睜大了他水汪汪的雙眼——

「的確，不是所有的漫畫家都可以在畫中傳達出那麼大量的情報。但中田老師應該能辦到吧？」

如此說道。

◇

只要是人，都會逐漸年長。

不，不只是人類，在這世上根本沒有不受時間影響的生物。不不不，不只是生物，就算不是活著的生物，也會受到時間的影響。鋼筋水泥的建築物總有一天會崩壞，而看似永遠聳立的山脈，若是長久來看，形狀也會逐漸改變。

並不是時間在我們的身體中流動；而是所有一切都存在於時間之中。

「可是！人家才不想變老——！」

中田碰碰碰地敲著桌子，大聲叫道。

「不僅肌膚開始乾燥，頭髮也越掉越多，還會忘記別人的名字！**最近甚至開始搞不清楚伊藤英明跟坂口憲二！**感覺真是糟透了！」

簡直可說是發自靈魂的叫喊。

為什麼人類會尋求年輕？正是因為不想要變老。那麼，為什麼不想要變老呢？這是因為在老化的盡頭就是死亡。但是，人們總是對自己終將死亡一事沒有太深刻的真實感（中田猜測，要是時刻感受到死亡就在身旁，應該會很難活下去），比起「死亡」，人們更害怕的應該是「衰老」才對。

衰老實在令人厭惡。

光是外觀的衰老就夠討厭了，內在的衰老更是讓人無法忍受。可能會有人認為「才三十多歲是在說什麼傻話啊？」但中田所處的業界，總是時刻被要求要有新鮮感；就體力來說，也是越年輕越好。更重要的是，對於時代感覺的敏銳度——該怎麼表現「現在」這個時代，這種感性可說是非常重要。

「嗚嗚……就這點來說，小說真是好太多了。還能將成熟度或純熟度拿來當作武器！」

「你在說什麼碗糕！這個蠢貨！」

被榎村用方言一罵，中田忍不住瞪了過去。

「我才不是蠢貨！不覺得小說家加上『資深』這兩個字就很帥氣嗎？」

「原來你也聽得懂我在罵你啊？」

「當然知道啊！最近我竟然開始聽得懂津輕腔，連我自己都害怕了！」

「別吵了。如果是我媽說的津輕腔，就連我有時候都聽不懂了。」

「根本是外文的程度……話說回來，你也多少安慰我一下吧！人家可是忙著在做這麼辛苦的工作喔！」

中田手指著攤在客廳桌上的眾多原稿影本，在這同時，自己擅自進入廚房沖了一杯咖啡的榎村也從廚房吧檯走來出來。

「我也有個不幸的通知要給辛苦工作的陰叔丸，上次的草稿也完美地被退回來了。」

「哇喔！」

又來了。中田已經不記得這到底是第幾次被退稿了。一開始是中田會畫成分鏡再給編輯部看過，但三次都全部沒過後，就算**中田再怎麼被虐**，內心還是快要受挫，也因為必須開始進行其他出版社的原稿，就將之後的交涉全都交給了原作者榎村。

「好嚴格——這樣第二期根本永遠無法開始吧……」

中田趴在桌上無力地說道。同時間，也感覺到榎村在對面的椅子上坐了下來，咖啡的香氣隨之傳來。

「怎麼？這原稿不是你的漫畫吧？」

「**不是啊……**」

「嗯？畫風還真不同……啊，這難道是那個？新人獎的審查委員？」

「**就是啊…………**好痛！」

中田將下巴放在桌上，音調毫無起伏地回答榎村後，突然腦袋吃了一記手刀。

「很痛耶！下巴都撞到了啦！**要是下巴裂開變成了維果・莫天森怎麼辦？**啊！但好像會很開心。」

「怎麼可能啊！白痴。所以你剛剛在那裡吵著不想變老就是因為這些稿子嗎？因為你已經是個感性遲鈍、肩膀跟脖子僵硬，**就算看音樂節目也開始搞不清楚樂團名以及曲名**的老兵漫畫家了。所以看到將在未來大放異

彩的新人們才會大受打擊。」

「等一下！竟然說我是老兵，你自己還不是個老頭嗎？」

「是啊。」

「耍什麼酷啊！真討厭，真是個講話都不會修飾的大叔！**你這個刀子嘴混蛋！**……喂！你怎麼就這樣看起稿子了！聽人家講話啊！」

榎村一邊啜飲著咖啡，眼睛則注視著原稿。當然，這些稿子原本不應該給外部人士看到，但是就算說了這男人也不會聽——老實說，他也有點在意，榎村這個在人格上有眾多缺陷，但還是不得不承認他才能的創作者，會怎麼評價這些作品。

帕沙、帕沙。

整個室內就只有翻頁的聲音。

中田則默默站起身去沖自己的咖啡。

他手上有五篇稿子，是REFRESH出版舉辦的漫畫新人賞候補作品。雖然說是新人，但最近大部分都是半職業參賽者，也就是曾出版過同人誌、在網路上發表過作

品等等。而且這邊都是最終候補，每一篇的水準都高得不像是新人。但是……

「好像都是一些在其他地方讀過的作品嘛……」

榎村眼睛盯著原稿，低聲說道。

正是如此，雖然畫得很好，劇情也處理得很不錯……但好像都有在哪裡看過。當然，所有的作品都是從模仿開始，所有的作家都是受到了某個人的影響。原創，正是模仿、影響、尊敬全都混雜在一起，再加入了最精髓的作家感性與人生經驗，產生了化學反應後才得以完成。但是中田認為，現在眼前的作品似乎都還沒有產生那些化學反應。

……除了一篇作品以外。

「嗯？這是什麼？」

榎村果然也注意到了同一篇作品。

「這作品真厲害。點子很有趣，故事也很漂亮。只是畫風有點強烈……」

「啊啊啊～你果然也注意到了！真的很有趣吧～」

「結尾的反轉更是讓人驚嘆。」

「呼——就是說啊！竟然有辦法想到那種結尾，年輕人果然就是不一樣。哈啊……」

「明明就是個大叔不要在那裡扭來扭去的，噁心死了。你是在忌妒年輕人的才能嗎？」

「沒錯！」

喀噠一聲，中田從椅子上站了起來：

「**忌妒！JEALOUSY！ENVY！**正因為『千篇一律』而不斷被超級虐待狂偽娘總編輯瘋狂地退稿了！竟然！還讓我看到這麼年輕的才能！」

「不喜歡的話就別答應要當什麼評審啊！」

「可是～小稻都說了，『要是能讓中田老師評論自己的作品，新人們一定會很有幹勁的！』所以我才……』

「原來是一被捧就忘了自己，自作自受啊！」

「唔唔唔……我沒想到會有這種新人嘛……這個人一定會大紅的……啊啊啊！討厭啦！真討厭這種被年輕人一一追上的感覺！」

「別怨歎了，老兵陰叔丸。新的才能可以帶動整體業界，這不是件好事嗎？」

榎田安慰著中田，一邊站起身走向了廚房。看起來是想再續一杯咖啡。中田也正好喝完了，就也拖拖拉拉地跟在後面，問道：

「……如果……乳乳那邊出現超有才能的新人作家來向你尋求建議，你會怎麼做？」

「**趁早杜絕後患。**」

戴著眼鏡的大叔，絲毫沒有猶豫地如此回道。

「好過分！剛剛不是說新的才能可以帶動整體業界嗎？」

「如果是那麼有才能的傢伙，怎麼可能會來詢問我的建議？現在的人可是越來越不看書囉？目前大家都是爭先恐後地搶著分食那僅剩不多的市場。我為什麼就非得歡迎新人不可？當然是要趁還是新苗時踩爛或是割掉啊……」

「你的心真是比貓額頭還要小呢！」

「**如果對方的那個大又軟**就另當別論。」

「果然還是會講到這個啊……」

「總而言之，羨慕已經失去的東西也沒有用。」

榎村一邊喀啦喀啦地轉著手搖磨豆機的把手，這麼說著。這不是中田的東西，而是榎村特地帶來的，原因是在自己家裡就絕對不會使用。

「失去的東西……年輕？」

「正確來說，應該是剛開始工作時的感覺。總是覺得想寫的題材如山一樣高，不管再多都可以寫得出來，對一切都感到相當新鮮刺激的那段時光。」

「啊啊……那時候真的是覺得畫圖很開心……就算三天沒睡覺，我也一點感覺都沒有……」

當然不是說現在並不快樂。

現在，中田當然也是喜歡畫漫畫，可說是愛極了。應該說，只有喜歡的人才能在這個業界留下來。小說業界應該也是這樣吧？畢竟創作並非由義務感打造而成。

可是，新人時期的那種心情……全心相信著那片一無所知的未來，一定存在著美好的事物，**就像在晴空萬里的海面上航海的興奮**。大概可以說是那時期特有的感受吧？

只要出海，就有可能會遇到捲浪翻波的日子。

更會有因為暈船，半哭喪著臉緊抓著船緣吐個不停的時候。當然也會遇到暴風雨，但有時又會突然碰到可以眺望滿天星空的夜晚。

「不過，這就是人生啊！」

「你突然在說什麼大道理啊，還真不會害羞。好好加油，小心別讓新人搶走你的連載機會啊——！」

「嗚哇——別說這麼可怕的話！」

中田忍不住抱住他自傲的大型冰箱，但兩秒後又狠狠地瞪了榎村。

「別說這些了，我們的合作連載該怎麼辦？你可是原作者，快點想辦法讓角色跟大綱過稿啊！」

「我也不是自願一直去遭受退稿攻擊的啊！說穿了，就是因為你一開始提出來這種四處可見的角色才會受挫啊！」

「你還這樣推卸責任！」

「這句話我原封不動還給你！你這個除了胸部以外全都過氣的漫畫家！」

「啊——你還真敢說！你這個對日本了不起的漫畫文化攀親託熟的三流色情小說家！」

「什麼叫日本了不起的漫畫文化啊！漫畫不就是一種反文化嗎？」

「喔？難道你的色情小說就是主流文化嗎？上得了中央文壇嗎？」

「說什麼文壇啊！那種東西去吃大便吧！我只寫我想寫的東西！」

「人家也是！」

「我才不會去看別人眼色、討其他人

歡心，或是寫一些跟風的東西！」

「人家也是！」

「我絕對要拚了死命，留在這個像是大浪拍打懸崖峭壁，背景音樂還放著被捨棄的女性演歌的出版業界！」

「人家也是！人家也是！」

「為了達到這個目的！陰叔丸！」

咚！

榎村的右手拍上了冰箱。

這、這不是壁咚，應該算是**冰箱咚……！**

「乳、乳乳？」

榎村的臉近在眼前，只要他不說話還算得上是相當知性的帥哥。真的，只要不說話。

「為了這個目的……我們就非得承認自己的失敗。」

「……真不想承認啊，因為自己太年輕而犯下的過錯……」

「**少在那裡模仿夏亞了**。總而言之，被退稿這麼多次，我們可以說是失敗了……」

「失敗……」

「沒錯，失敗了。我也非常痛苦。因為我很討厭失敗，我喜歡的只有歐派（胸部）。」

「不要在說正經話時，加入這種蠢話好嗎？」

「但只要接受了失敗，就有辦法踏出下一步……」

「竟然不理我。」

榎村走離冰箱，現在還一副在演戲的樣子，握著拳說：「我們必須從基本重新檢討。」

「基本？具體來說是？」

「要是知道，也不會這麼辛苦了。」

什麼嘛，原來他根本也沒想到之後的事嘛……

當中田端著飄盪著美味香氣的咖啡離開廚房時，看到了一個紙袋。那是榎村拿來的嗎？雖然是常見的REFRESH出版的紙袋，但他在意的是從中露出來的東西。

「乳迷叔，那是什麼？」

「嗯？啊啊，我都忘了。」

乳迷叔，也就是榎村拿著紙袋走了過來。最近有時候會忘記榎村的本名，實在有點可怕。

「在要離開時，小岩拿給我的。好像是超級虐待狂總編輯的禮物。」

「這個一定很好吃。**我的美食雷達嗶嗶響個不停……**」

「大概是怕平常太凶，我們會鬧彆扭吧？所以偶爾也會拿點好處過來……哼，不過要讓我這個孤高不俗的美食小說家點頭稱讚，可是非常困難的……喂，你幹嘛自己偷偷打開啊！你是學不會忍耐的小學四年級嗎？」

「因為這也是給我的禮物嘛……」

中田打開了那個看來有點懷舊又可愛的包裝。看起來應該是餅乾，但重量卻很輕；到底是什麼？還有包裝上的圖畫好像是地圖……嗯？道後溫泉？松山城？

「……這是什麼？」

看到裝在可愛小袋子裡的東西，榎村稍微皺起了眉頭。

「上面寫著**米香餅**。」

「不是餅乾？是米香餅？嗯？就我來說，那個看起來像是……叫什麼名字啊？小時候常吃的……」

「**爆米香？**」

「對對，就是那個。」

記憶中的爆米香，就是對米之類的穀物加壓炸破，做出輕盈的口感後，再加上甜味。至於名字的由來，是因為加壓爆破時會發出「碰」的聲音，才會叫做爆米香……！

不過，這種爆米香……

「是便宜的零嘴吧？」

榎村認真地看著包裝說道。

「我不是說便宜零嘴就不好吃，**它們有種特別的鄉愁感**。我也喜歡便宜零嘴，以前也會吃到舌頭因為色素變紅。」

「我最喜歡的是一整串的迷你長崎蛋糕串。」

「雖然不是想否定充滿回憶的便宜零嘴……但這真的適合送給正處於水深火熱之中的孤高小說家，以及鬍子大叔漫畫家嗎？」

「鬍子大叔還真是對不起你啊。可是你看，這個包裝也做得很流行又可愛啊！**既懷念卻又新穎的感覺。**這邊的包裝設計也很可愛耶！」

結實累累的稻穗與小鳥的圖畫，充滿了復古感。看來這種米香餅似乎有很多種口味。

「話說回來，我們是不是被那總編輯看不起啊……都這年紀了，還得收到便宜零嘴當作禮物。」

「好了啦，都難得收到了，一起吃吃看吧！」

中田拿了盤子，將米香餅倒在上面。

中田以前吃的爆米香是一顆顆分開的，這種米香餅則是一塊塊成型。感覺就像是密度較疏的淺草米果。

「嗯？怎麼有黃色粒狀的？」

在膨脹的米香裡頭，可以看到黃色的顆粒。榎村仔細看了看包裝說：

「上面寫著**伊予柑**。」

「伊予柑？這不是便宜零嘴嗎？」

「就是伊予柑沒錯。……**愛媛的伊予柑，真是給人好預感啊！**」

「就知道你會這麼說，說這種話會讓人知道年紀喔！」

「這還用說嘛！」

「你到底幾歲啦！啊、原來裡面加了**伊予柑皮**。喔——感覺真時尚。」

榎村「哼」的一聲，露出了嗤笑。

「最近還真常看到只要加了水果乾就會變得流行的商品。哼，不就只是增加點色彩嗎？不過果皮的香味真的非常濃厚，跟餅乾其實有點難搭配。要是隨便亂用的話……」

「你還像個囉唆的小姑耶，吃了之後

再批評啦！」

中田皺著眉頭，拿起了一塊米香餅。指尖有點黏黏的觸感，應該還是有裹了糖上去吧。不過，倒也不是黏到非得特地擦乾淨的程度。

張口。

喀哩喀哩。

追隨著中田的腳步，榎村也開吃了。

張口。

喀哩喀哩。

「……」

「……」

兩個人沉默地對看了一陣。

接著繼續——**張口，喀哩喀哩。張口，喀哩喀哩。張口，喀哩喀哩。張口，喀哩喀哩。張口，喀哩喀哩！**

「唔哇啊啊啊！米香餅對不起！」

榎村大叫著。

「對不起！我剛剛竟然說這只是便宜零嘴！好好吃啊啊啊啊啊！」

榎村似乎突破了什麼界線，但是中田也差不了多少。他大叫著：

「這是什麼啊！我從來沒吃過這種爆米香！**是誰說要加入伊予柑皮的！**應該要頒給那個人**諾貝爾食欲獎**才對！」

真的太美味了。

完全超越想像的極品美味。

口感大約介於硬脆跟香酥中間。不只是酥脆，還帶著一股鬆軟溫和。

另外，點綴其中的伊予柑更是絕妙。在吃著簡單又不會過甜的米香餅時，不時會咬到小小的伊予柑顆粒。該怎麼形容那時候的感受呢……

「吹過了一陣清爽的微風……！」

榎村說了句恰到好處的評語。

「伊予柑果皮的微微苦味，加上柑橘的香甜與果酸……替米香餅這種簡單的零嘴做了最美妙的點綴……！」

「你剛不是說，『只要加了水果乾就會變得流行的商品』嗎？」

「伏地謝罪！」

「好，朝著愛媛的方向道歉。」

「嗯？這是愛媛的餅乾嗎？」

「好像是。」

中田看著放在餅乾裡的簡介。

在愛媛縣東予地區，
丹原町的山邊，
柿子田的另一側，
那裡有棟
曾祖母住過的空房，
在那裡，努力地
製作著米香餅。

「……上頭這麼寫著。**好像是在那裡，都把爆米香稱作米香餅，通常被當成婚禮的回禮。**」

「原來如此……嗯，這還真是個很棒的回禮。而且還將等同日本人之心的米做成餅乾……喂！陰叔，那邊褐色的是什麼口味？」

「我看看，**焦糖堅果口味**。」

「唔哇！聽了只有絕對好吃的預感！雖然不是伊予柑，但的確是好預感！」

「冷靜一點啦，大叔。」

中田打開了焦糖堅果口味的米香餅，放在盤子上後……

張口，喀哩喀哩。

張口，喀哩喀哩。

張口，喀哩喀哩、喀哩喀哩！

「啊啊！這種口味**有杏仁的酥脆感！**」

「焦糖甜度也恰到好處！**是大人喜歡的苦甜口味**。這個口味很配咖啡！」

兩人喀哩喀哩吃個不停。才一瞬間，伊予柑果皮跟焦糖堅果口味兩袋都被吃光了。最後甚至是兩個人互相搶個不停。

伊予柑與焦糖堅果似乎是全年販售的固定商品，其他還有**玄米蔗糖口味**。

如果是季節限定商品，**春天是春日草莓、夏天是綠茶、秋天是肉桂糖與胡桃、冬天則是巧克力**……這簡直是一整年都想訂購的商品啊！

「……上次我就在想了，米真是不簡單，還可以變成這麼美味的餅乾。」

「……說得沒錯……這個到底是怎麼做的……陰叔助！給我平板！」

「拿去！」

榎村只要一在意，就會立刻調查。他立刻點進製造商「HINANOYA」的網站，找到了製作爆米香的影片。榎村將平板立起來，方便讓中田也能看見。

「原來會用這種機器啊！」

看起來不像是太過複雜的機器。是將大型筒狀像是籃子一樣的東西組合在一起的機器。

「喔——我第一次看到……嗯？剛剛他好像說『要爆了』……」

碰！

「呀啊！」

「唔喔！」

真的爆炸了。

因為剛吃完美味的餅乾，身心正處於放鬆狀態，兩個人都不禁被微微嚇到了。音量比較大聲也是一個原因。一陣白煙占據整個影片畫面，待白煙消去後，膨脹的米香就一粒粒掉了出來。

「感覺好酷喔！」

「這真是會將男子氣概都激發出來的機器啊……」

「這似乎是叫做穀類膨脹機的樣子！**希望能動畫化！**」

爆米香、爆米咚、米炸彈、米爆、碰炸、米香餅……有著各種不同的稱呼。是長久在日本各地受到民眾喜愛的零嘴。**「HIMENOYA」**的米香餅，於其中加入了一些現代元素，但也維持了它本身的質樸。

「……雖然傳統，但也很嶄新。」

榎村看著簡介低聲這麼說道。

「不……從以前流傳至今的味道，原本就很有力量。所以才會一路流傳下來。只是，不能就此屈就……該如何展現現代這個時代……不脫離原本的核心，卻繼續改變、成長……」

「乳迷叔？」

藏在眼鏡後頭的眼神相當認真。

原來如此。

這便是總編輯禮物隱藏的意義。他之所以不斷地退回中田及榎村的稿子，嚴厲地給予毫無新意等等的評價……

「陰叔，很可惜，我們已經老了。」

「唔……對、對啊，已經不再是年輕有活力的新人了……」

「可是，古老又美好的事物，才能在新時代得到更進一步的進化……**站起身來吧！奇蝦！**」

榎村再次熱血地站起身來大聲說道。

雖然這男人表面上看來冷靜，其實是個還滿囉唆麻煩的人。

「不，**奇蝦才站不起來。**而且也太古老了吧，奇蝦是寒武紀的生物耶！另外，脊椎動物的祖先是皮卡蟲。」

「好，那就站起來吧！皮卡蟲！」

「不要再用地球生命大躍進那種比喻了，舉些更貼近我們生活的例子吧？到底想說什麼啊？」

「嗯，所以說呢……」

榎村坐了下來，喝著冷掉的咖啡。

「從一開始……不，應該要從零開始重新思考。」

他的聲音又恢復了冷靜。

「合作企畫的大綱？」

「沒錯。先把現代風格的故事進行，感覺會受歡迎的角色這類想法……全都放在一旁，重新思考現在的我所能寫，以及想寫的東西。」

「嗯。」

「年紀增長、資歷累積後……成就了現在的我。於是，**我想以真正的自己來決勝負。**」

「嗯，人家也贊成。」

「搞不好……人物也會完全改變也不一定……」

要是這樣就不好意思了。

總是這麼麻煩你。

原本還期待榎村會接著這麼說的中田真是太傻了，只見他不死心地挖著殘留在袋底的些餘米香，一臉囂張地說道：

「要是這樣，你可要好好畫喔？」

然後就抓著「HINANOYA」的簡介回自己家去了。

那傢伙……看來是打算立刻上網訂購了啊……

◇

幾天後。中田經由責編稻本收到了大綱，忍不住驚訝得張大了嘴。

根本不是花魁吸血鬼KYOKO，而是**大江戶Dr.吸血鬼。**

在花都江戶的西醫師・仲田庵（35歲）……他的真面目是不老不死的吸血鬼。而對仲田心存懷疑的則是能力高超，負責巡邏的定町廻同心・千千藏（39歲）……

「這什麼東西啊！**也太以自己真面目決勝負**了吧！主角竟然是兩個大叔！」

雖然中田不禁如此大叫，心裡也想著這個大綱肯定又會被退稿才對……

卻順利通過了。

而總編輯的說法則是：「**我就是想要這種捨棄了一切的覺悟。**」

另外，事後兩人也知道了那份米香餅並沒有什麼特別深刻的意義，只是因為很好吃，也希望兩個人吃吃看罷了。

order. 12／END

宅配美食 *Information*

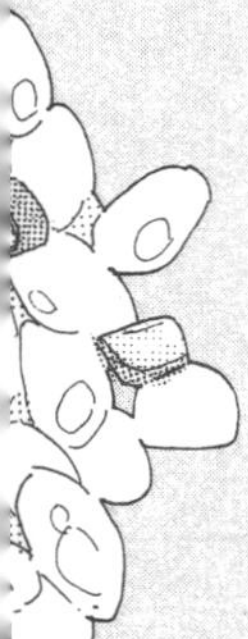

米香餅 伊予柑 [HINANOYA]

[價格] 日幣400圓（本體價格）＋稅
[保存期限] 製造後90天內

在製造地愛媛東予地區，米香餅（爆米香）是結婚典禮必備的回禮，為了將這塊土地特有的傳統文化流傳至後代，特意使用了當地農家的契約栽培米來製作。相當奢侈地使用了愛媛生產的伊予柑皮做成的伊予柑口味，味道清爽且完美融合香甜與果酸。固定口味有：伊予柑、焦糖堅果等，還有其他季節限定的口味。

⇒ http://hinanoya.co.jp/

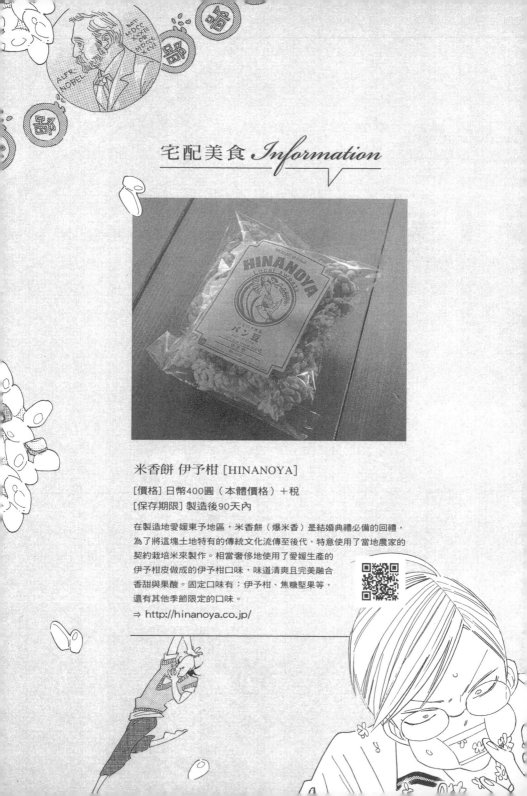

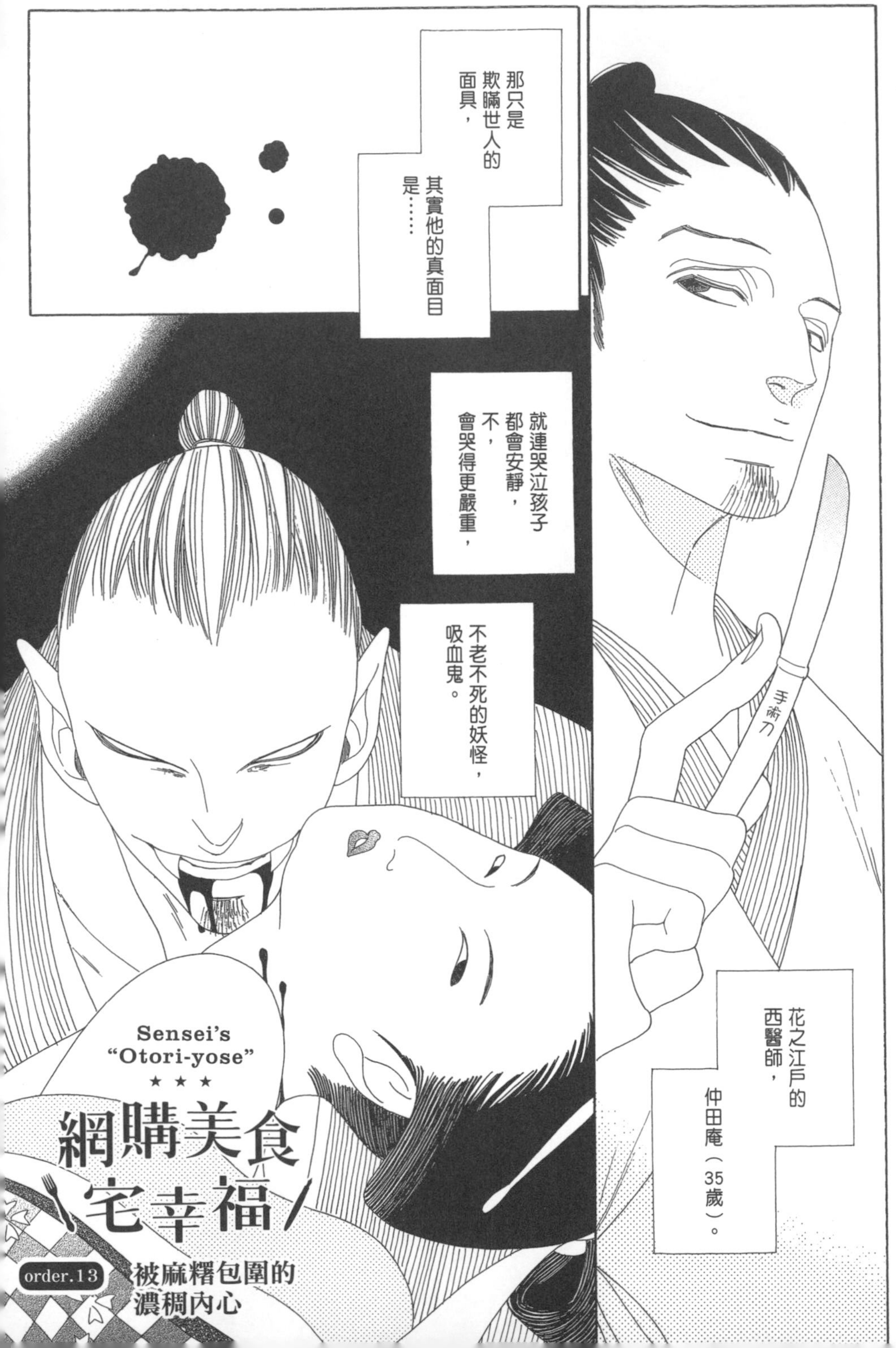
花之江戶的西醫師，仲田庵（35歲）。
手術刀
那只是欺瞞世人的面具，
其實他的真面目是……
就連哭泣孩子都會安靜，不，會哭得更嚴重，
不老不死的妖怪，吸血鬼。
Sensei's "Otori-yose"
★★★
網購美食宅幸福
order.13
被麻糬包圍的濃稠內心

追蹤他的是千千藏（39歲），
他是負責巡邏的定町迴同心，
有著如刀鋒般銳利的推理能力，
別名是剃刀千千。
人類VS.吸血鬼，
鮮血飛舞於江戶的夜空!!
大江戶Dr.吸血鬼
明年春天動畫化決定!!
哎呀～～～
真是幫了大忙，伊良子～～～

不會不會，
不過你真的沒問題嗎？
這種灰色地帶似乎……
漫畫家同事伊良伊良子
哎呀，怎麼會呢！
是伊良子推薦的完全沒問題～
反而更有興趣呢！
哈哈！
動畫化很辛苦吧？
喵
嗯～就是啊。
基本上是監修，
但還是會有一些特別新繪的工作……
宣傳或是周邊等等……
怎麼畫都畫不完。
啊——也是喔……
是啊，不過……
畢竟是件好事，真的。
哈哈！
這就是所謂開心的哀號嗎？
那我就先跟那邊聯絡囉！
謝謝你！
哎呀——
哈哈哈！

真的很厲害呢！
竟然這麼快就能動畫化！
讀者們的反應也都非常好，
轉推數也超過3萬了！
責編 岩石
太客氣了。
哈哈哈！
上個系列作雖然男性讀者占大多數，
但這次反而是受到女性讀者壓倒性的歡迎。
壓倒性？
就是說啊！
讀者來信也都收到不少可愛的信紙呢！
喔…
我昨天先整理了一箱寄了過去！
老師！
老師——
老師——
老師——
老師——
啊、所以呢…行銷那邊在詢問要不要為了紀念動畫化辦場簽名會呢…
話說回來，雖然整個系列的風格大幅改變，
但能因此打動完全不同的粉絲層實在是相當厲害的事呢！
哎呀哎呀哎呀哎呀！
哈哈哈哈哈！
當然是一定要辦啦!!
乾杯！

呀——哈哈哈討厭啦！
叮咚——♪
？
啊、是門鈴聲嗎？
還有尖叫…？
吵死人的鄰居吧？
還真吵耶…
叮咚——♪
那之後再信件聯絡。
啊哈哈！
好的，麻煩了。
嗶！
啊啊…
是宅急便跟…
嗶！
是？
啊！
我是虎貓宅急便！
好——
受不了，隔壁陰叔自己一個人是在吵什麼，
得過去警告他一下……
基本禮貌啊…
慢條斯理

您好！
還以為您外出了呢！
不，畢竟我的工作基本上都會在家，
連訪客也沒有，
就算生病感冒也是孤獨一人。
唯一有的大概就是人氣吧？
啊哈哈哈！原來如此～
中田老師家那邊似乎有朋友來訪？
好像有女性在呢……
啊！謝謝您蓋章——
啊！
其實我不能說這種話的說！
要保護個人隱私！
那麼，之後也再麻煩您了。

不…
沉重…
不過是陰叔…
不穩
只…
只是個
女性化的…
中田
大叔罷了…
不、
不…
不過是
陰乾海帶芽般的
臭大叔……!!
家裡竟然
有女人!?

叮咚——
呼——
呼——
冷靜點，
我要冷靜點。
說不定只是
那傢伙的
親戚罷了。
請問哪位？
咦？
我是榎村。
呼啊、
呼啊……
啊——
乳迷叔？
呵呵♡
好，
我現在就開門。
啪噠
啪噠
啪噠…
喀喳
來、
來了。
真的有
女人！
而、
而且…

看起來應該不是親戚!?（大概!?）
↑失禮
哎呀~♡
這不是乳迷叔嗎~
來得還真剛好~~♡
我們現在正要喝下午茶~~~要不要一起呢~~~？
どどど
どど
對吧？長谷川，方便吧？
長谷川？
沒錯！她是伊良伊良子介紹，臨時來幫忙的助手~♡
您、您好，我是長谷川…
助手…
啊…呃…您好，我是榎村。

臉紅
？
好了♡
好了♡
我們快點來喝茶吧，
今天的下午茶是我從早上就準備好的喔～♡
喀喳 喀喳
鏘鏘——♡
這、
這是MOCHI-CREAM的精選組合!!

哎呀？你知道？
當然知道啊！我自己也超常買的！
就是這個！真的超好吃！
真的！就是說呀！
可是一整盒對單身的人來說實在太多了！
所以會趁客人來時解凍一起享用！
沒錯！就是這樣！
雖然現在也能只買一個，但果然還是買一盒能吃到比較多口味！
去實體店面也很有趣！
而且這精選組合的口味真的是不愧對這名稱！
真的是精選中的精選！
長谷川？
怎麼在發呆？
啊！
啊、不、不好意思…
我去泡茶。
啪噠
啪噠
啪噠…
哎呀！
謝謝——

沒想到你身邊也有這種正經的女性啊……
哎呀，沒禮貌。
我、我等兩位拿完再…
那麼…
咦咦！這怎麼可以！
沒錯！這種時候應該要讓女性優先。
哎呀，真不好意思。
自己識相點，陰助。
陰助？
那…那麼…

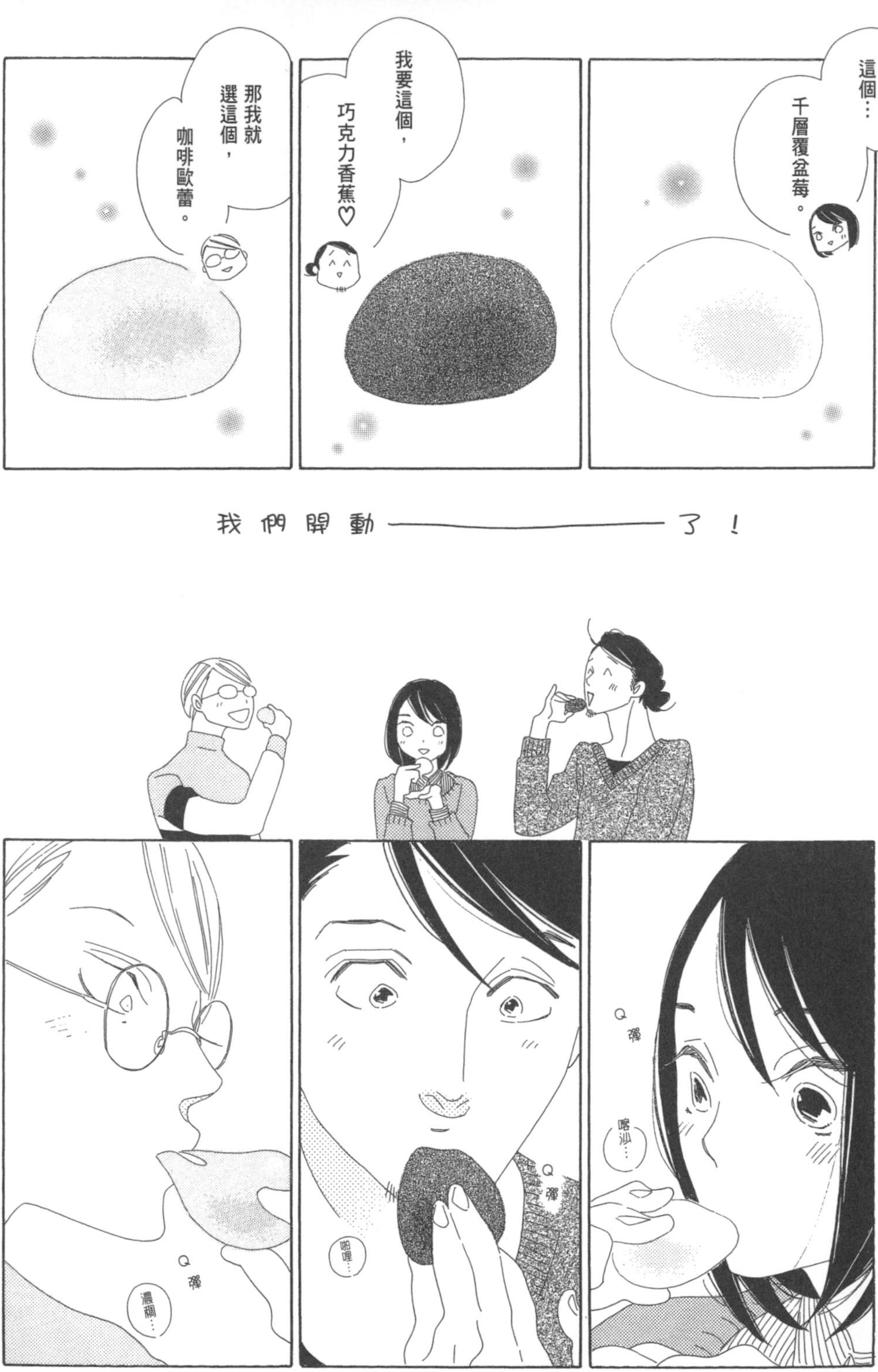
這個…千層覆盆莓。
我要這個，巧克力香蕉♡
那我就選這個，咖啡歐蕾。
我們開動——了！
Q彈
喀沙…
Q彈
咖哩…
Q彈
濃稠…

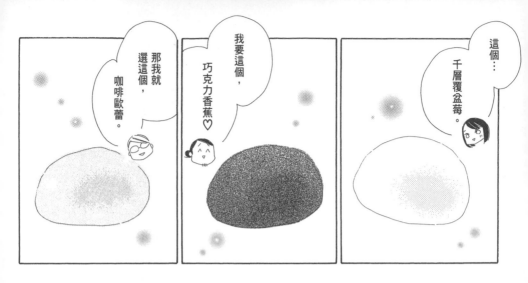

喀沙…
喀沙…
Q彈
啪哩…
Q彈
啪哩…
Q彈
Q彈
濃稠…
Q彈…
哇…
好好吃…
好好吃——♡
太好吃啦——!!
香蕉內餡超級新鮮，香蕉味超濃！
然後裡頭還有一顆顆巧克力！
包裹在麻糬外層的可可亞粉苦味恰到好處！
真是完美的合奏!!
巧克力香蕉
口感柔順風味豐富的咖啡內餡，
跟濃密的奶油互相交融，
入口後才完成的味道…
根本就是巴黎的咖啡歐蕾!!
咖啡歐蕾

啊！
不小心就跟平常一樣興奮了…
呵呵呵…
兩位的感情真的很好呢！
啊…沒有…
謝謝…
這一點還請妳不要誤會喔！
我們只是普通的鄰居，更是純工作的關係。
我…
一開始也不知道MOCHI CREAM是什麼…
就像是非常柔軟的麻糬，或是多種口味的大福……
而且內餡也…

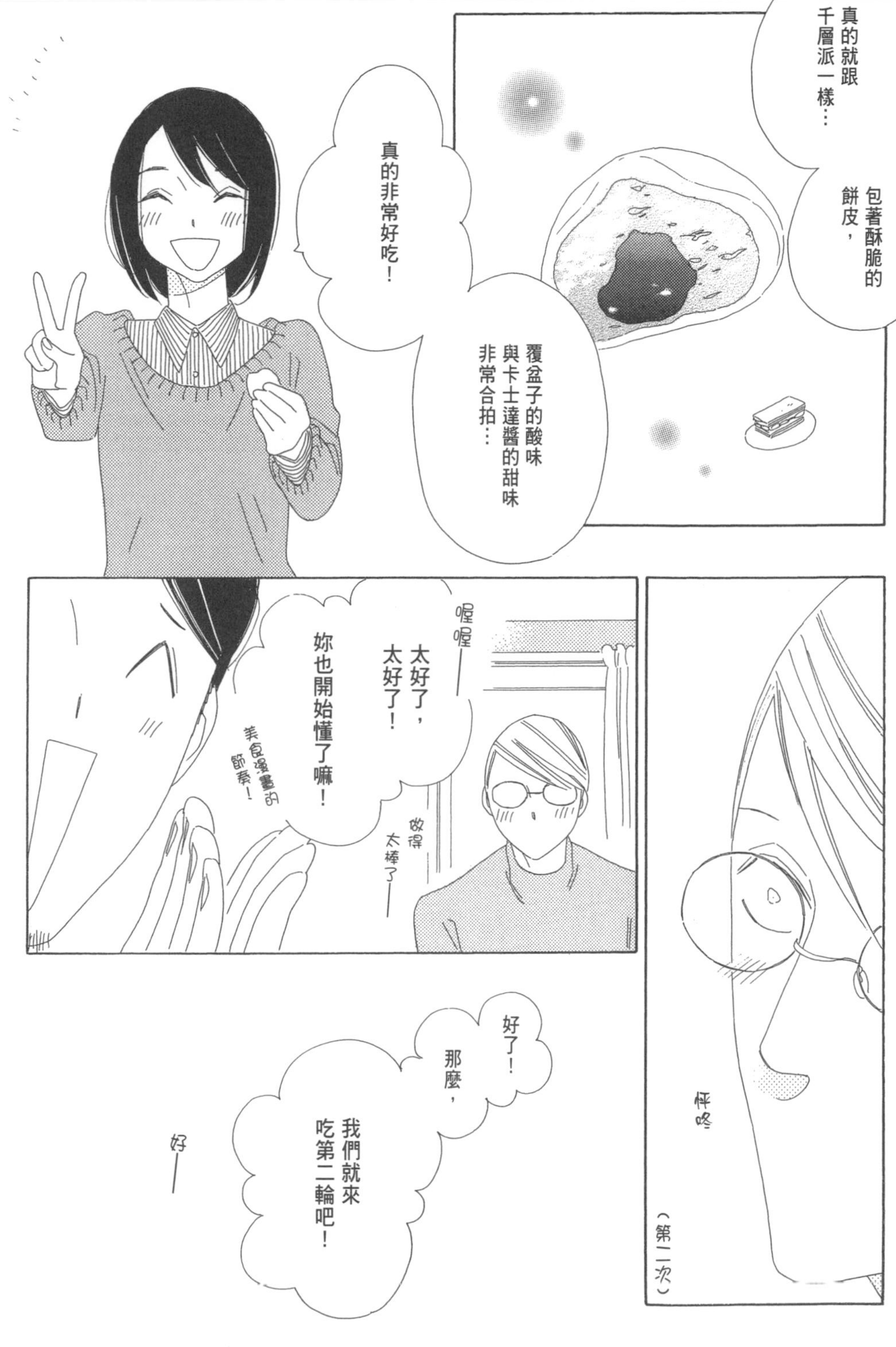
真的就跟千層派一樣…
包著酥脆的餅皮，
覆盆子的酸味與卡士達醬的甜味非常合拍…
真的非常好吃！
怦咚
（第二次）
喔喔—
太好了，太好了！
妳也開始懂了嘛！
美食漫畫的節奏！
做得太棒了—
好了！那麼，
我們就來吃第二輪吧！
好—

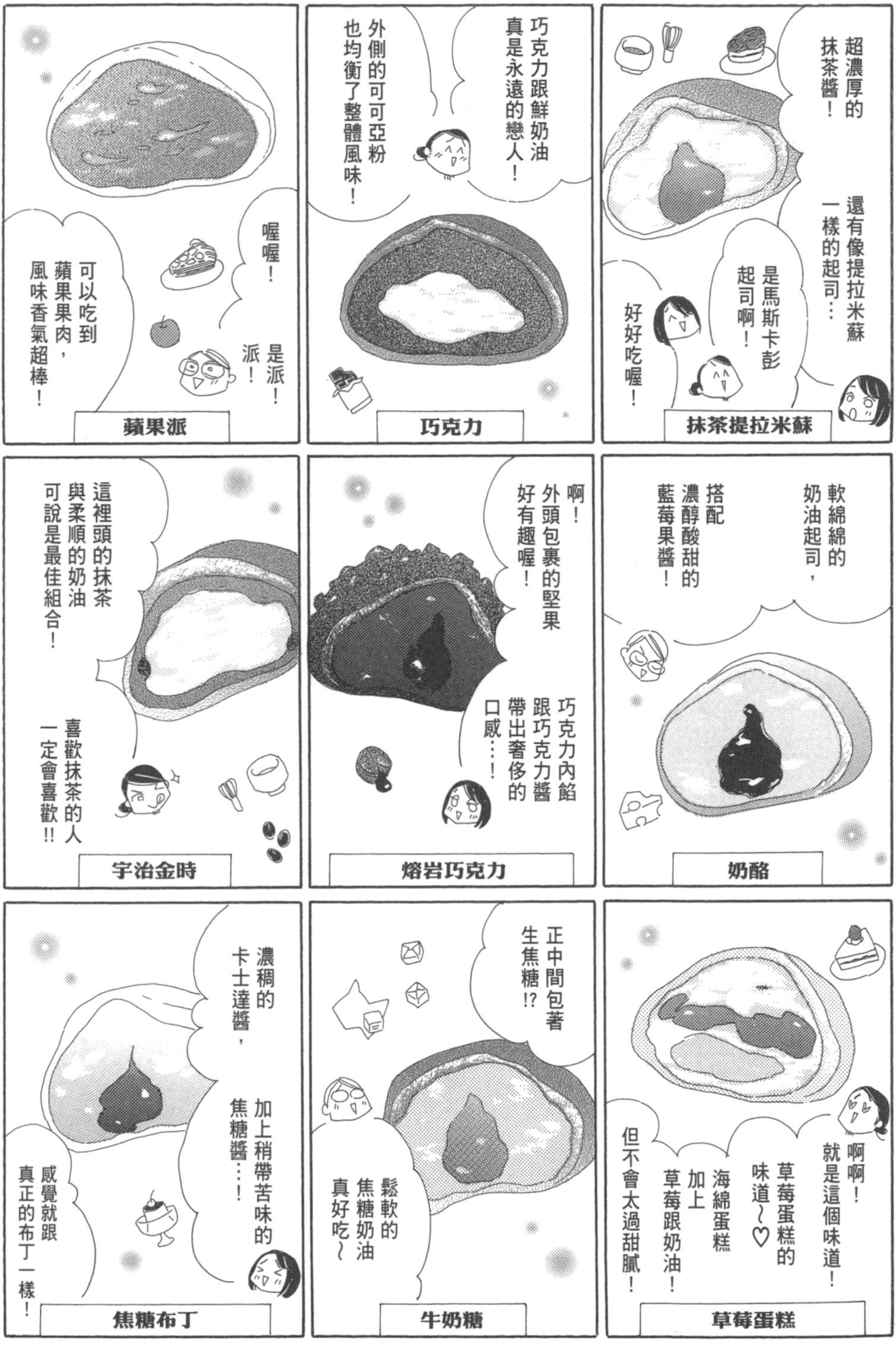
超濃厚的抹茶醬！
還有像提拉米蘇一樣的起司…
是馬斯卡彭起司啊！
好好吃喔！
抹茶提拉米蘇
巧克力跟鮮奶油真是永遠的戀人！
外側的可可亞粉也均衡了整體風味！
巧克力
喔喔！
是派！派！
可以吃到蘋果果肉，風味香氣超棒！
蘋果派
軟綿綿的奶油起司，
搭配濃醇酸甜的藍莓果醬！
奶酪
啊！外頭包裹的堅果好有趣喔！
巧克力內餡跟巧克力醬帶出奢侈的口感…！
熔岩巧克力
這裡頭的抹茶與柔順的奶油可說是最佳組合！
喜歡抹茶的人一定會喜歡!!
宇治金時
啊啊！就是這個味道！
草莓蛋糕的味道～♡
海綿蛋糕加上草莓跟奶油
但不會太過甜膩！
草莓蛋糕
正中間包著生焦糖!?
鬆軟的焦糖奶油真好吃～
牛奶糖
濃稠的卡士達醬，
加上稍帶苦味的焦糖醬…！
感覺就跟真正的布丁一樣！
焦糖布丁

哎呀！
你們兩個都吃焦糖呢！
臉紅
臉紅
這、這又怎樣啊……
幹嘛說這種話……
對吧？長谷川……
這、
這是……

難道——!?
沒錯，她是乳迷叔的書迷喔！
果然…
但嚴格來說，好像…
在那之後…似乎也是個不錯的選項…
在那之後？
從粉絲開始…該怎麼說才好呢…

應該說是人與人之間的…
交流吧…
哈哈！
嗯——
所謂的粉絲…
呀——哈哈哈討厭啦！
非、非常抱歉!!
別在意，別在意！是我自己說想看的。
而且，我也很想在這種刊物上看到自己的作品。
不、不好意思…
抬起頭來——
呼—
太有趣了。
但話說回來…

R18
R18
妳還真喜歡呢～
污穢と血
夜晚
基本上，只要是千千藏受
我什麼都可以看得很開心，
然後是獸耳、路人、觸手、懷孕、女體化，再看看OMEGA設定，最後則是互攻。
先從主流配對入門，接著是冷門配對，在那之後則是總受、3P、4P、5P等等，簡直就是雜技團的等級了。
大概是這樣…
最後是互攻啊…
在那之後…
啊…
「不知者最幸福」，
這是中田的體貼心意。

order.13／END

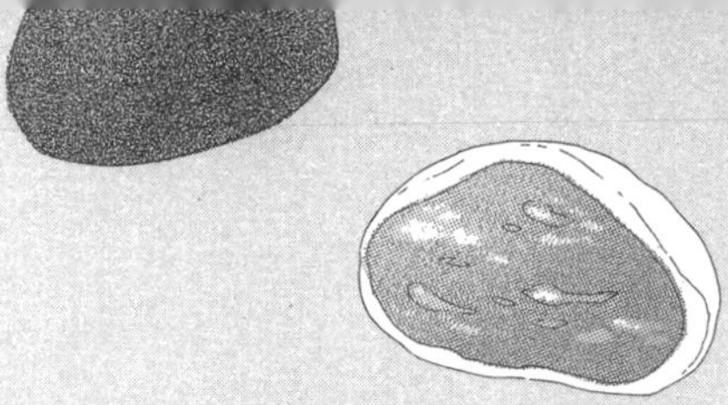

宅配美食 *Information*

MOCHI CREAM BEST SELECTION
[MOCHI CREAM JAPAN股份公司]

[價格] 12個入／日幣2,000圓（本體價格）＋稅
[保存期限] 寄出後14天 ※解凍後需當天食用完畢

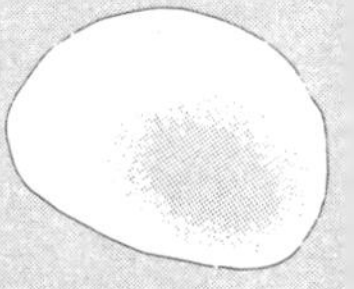

軟綿綿的麻糬包裹了各種和洋兼具的口味內餡與奶油或醬汁，是款冰涼美味的神戶甜點。BEST SELECTION是可以一次享用12種口味麻糬的最佳組合。也可以網購選擇個別包裝的麻糬。

⇒ http://shop.mochicream.com/

我們開動————了！

Sensei's
"Otori-yose"
★ ★ ★

網購美食宅幸福

order.14

新年，大病初癒的雜煮年糕湯

雷候（你好）～！

哎呀！又是這時節了！年底又到了！昏頭轉向又手忙腳亂的十二月。大家也很忙碌嗎？應該很忙吧？不過空氣也很乾燥吧？雖然日本夏天的溼度很高，但冬天卻非常乾燥。哎唷～太棒了，乾燥真是太好了。雖然最近夏天室內也會被調整到低溫低溼的狀態，只要條件足夠我們就能大為活躍。但不管怎麼說，還是冬天最好了，冬天才是我們的季節。特別是年底年初！說了這麼多，**其實今天正好是聖誕節前夕！**

啊，不好意思，太晚自我介紹了。

我是**流行感冒病毒。**

A.**香港型**。雖然母語是廣東話，但是因為來這裡很久了，日語也沒有問題喔！說到時間長短，其實我們在溼度高的地方只能存活八小時左右。但若是乾燥環境，就能存活一天以上，附著在光滑的東西上則能存活兩天。真是短命、真是悲傷啊！

不過呢，只要能進入各位的體內，度過潛伏期後就是火熱的快樂時間了。**我們可是會增殖的喔～又快又猛，擋也擋不住。**感染後約四十八小時正是最高潮，在這段期間，非常不希望你們服用流感藥劑喔～但要是在感染期間能移動到他人的身體裡，又能夠又快又猛地增殖啦！雖然我們很擅長增加，但其實無法只靠自己的能力增殖。因為我們的身體構造相當簡單，在包膜裡有著基因片段，表面有一點一點的突起。大概就是這樣。所以我們會附著在其他生物的細胞上……雖然講這種話有點過分，但就是爬到他們身上增殖。哎呀～真是多謝！多虧了大家我們才能存活～

就這樣，我就是順利增殖之後的其中一份子。呼——雖然說了這麼多，但其實我現在正站在人生的岔路上。嗯？我不是人類，應該說是病毒生的岔路？也可以說是是否能繼續生存下去的緊要關頭。老實

說，我還沒進入人類體內呀～

要說我現在人在哪裡呢？

「真、真的可以嗎？我有資格可以參加嗎……」

就在緊張不已的長谷川鼻膜裡。咦？看不到？這也沒辦法，畢竟我們只有0.1微米大。真是小不點中的小不點。

「當然可以啊！因為妳可是我跟伊良子兩邊的助手！」

這麼回話的鬍子男是位漫畫家，長谷川稱呼他為「中田老師」。

「但、但是，除了我以外大家都是職業漫畫家……」

「全部也才六個人，裡頭沒有人會在意這種事啦！甚至還有沒畫漫畫的人混在裡面。」

「啊……這麼說來，榎村老師也會到場嗎……」

「他說要先去買東西，會晚一點來，叫我們先開始。」

兩個人走在冬天的街上聊著天。由於正好是平安夜，霓虹燈一閃一閃的，我的夥伴們也都飛舞在空氣中～喔——這不是B·麻薩諸塞型嘛！哈囉！你今年沒被列入疫苗裡呢～像我就被列進去，實在很難做事。

「戴口罩的人好多喔…」

長谷川看著四周這麼說道。

「就是說～也快要進入流感的高峰期了。流感呀，偏偏都會選在年底年初醫院休息的時候出現。」

「會不會是因為太忙累積太多疲勞才容易生病呢？」

「說得也是……其實我也不是能辦尾牙的時候。長谷川，不可以跟編輯說我們今天要聚會喔！」

「是！」

長谷川俐落地敬禮回道。沒錯，免疫力下降時，我們就更容易增殖。其實長谷川在幾天前都還是昏睡在床上的狀態。甚至還發了高燒……不過，這也是我們害的啦！而且還有那個……冬ミCOMIC MARKET送印截稿日。**為了要趕著送印內容是攻受靈魂互換的反攻，所以實際上不是反攻的反攻本……**哎呀～跟長谷川在一起讓我增長了不少見識。總而言之，她忙碌得連睡覺的時間都隨之減少，這麼一來，免疫力軍團也會處於不利的戰況嘛！多虧了這點，我們可是大大地活躍。話是這麼說，不過因為長谷川還年輕，所以只睡了一天，隔天還可以爬起床一邊喃喃念著：「**雖然是反攻……但不是反攻……**」繼續畫稿。

「長谷川，妳工作跟身體都還好嗎？這麼突然約妳出門，真不好意思。」

「請別這麼說！我真的很開心！加上COMIC MARKET的稿子也都送印了，身體也很健康。」

咦——說謊！妳身體應該還有點倦怠吧？但應該也是恢復到可以參加聚餐的程度了。不過，即使本人已經過了最痛苦的時期，但依然還是**帶原者**喔～也就是說，身體裡還有很多像我這樣附著在長谷川身體裡的病毒存在。就是這樣，只要長谷川在一個恰當的時機打噴嚏，就可以輕鬆搬家到其他人的身體裡。

「大家好～聖誕快樂快樂～」

「大……大家好。」

「喔！中田老師、長谷川，我們在這邊——」

兩個人進入的是一間和洋融合風格的居酒屋。包廂是能坐八個人的下挖式暖桌設計的，裡頭已經坐了三個人。

「長谷川，怎麼樣？畫巨乳的技術有進步嗎？」

「伊良子！討厭啦，怎麼可以問女生這種話呢！」

「你說什麼啊，讓她畫巨乳的人不就是你嗎？」

「是、是的！我學了不少用網點表現出波濤洶湧的技巧。」

長谷川這麼說後，伊良子就「啊哈哈哈！」地大笑著回應。

我對這個人稍微有一點認識。他是長谷川另一個工作地點的漫畫家。我先來看看伊良子的目前身體狀況好了。營養狀態良好，只是有點睡眠不足，皮膚表面的菌叢平衡也還算不錯……沒有想像中的不健康嘛！這個人不僅會時常洗手，還會在工作室裡開加溼器，就算再忙也會保有五小時的睡眠時間。真是個討厭的傢伙。

「長谷川，來坐我對面吧。」

這麼說的則是個身材健康的女性。不僅身高挺高，也有一定的寬度。中田介紹她是「炸雞巴西里老師」。

「唔哇哇！巴西里老師！我真的很喜歡**《仁王弟弟們正青春♡》**。安尼失戀那一回，我看得哭到眼睛都腫了。再看到在一旁默默守護安尼的溫尼時，淚腺又被刺激了一次……」

「哇！妳有看我的作品啊，真開心！這一位是畫《這附近》的小追喔！」

被介紹的男性則說了句「妳好」並點了頭。接著長谷川卻發出了「**呀哇呼**」的怪聲。

「沒、沒有想到追松老師也會在場！《在下是這附近的人》實在非常嶄新，我總是邊讀邊感動得發抖……！」

長谷川越來越興奮了，她真的很喜歡漫畫。就算燒到三十九度，也會窩在被子裡看漫畫。那個叫追松的男人扭動著他單薄的身體，臉紅地說：「謝、謝謝……」

全員都拿起杯子說：「乾杯！」宴會也揭開了序幕。

「大家今年工作都已經結束了嗎？」中田問道。

「怎麼突然說這個啊？我還沒做完，但要是平安夜還不能喝酒，我到底是為了什麼活在這世上啊！」巴西里說。

「我也是有永遠畫不完的故事啊～」換伊良子這麼說。

但是當追松小聲地說：「我今年的工作已經……」中田與巴西里便異口同聲地大喊：「不可原諒！」巴西里還給他架了

一個頭部固定技。長谷川則是笑咪咪地聽著自己憧憬的漫畫家們聊天。

「這傢伙不只是嚴守截稿日，甚至還會提前作業。真可恨！」

「不，這是因為我也沒像各位前輩這麼忙碌……還有，我過年想回老家吃我媽煮的雜煮……」

「哎呀，真孝順。小追的老家在哪裡啊？」

聽到巴西里的問題，追松則是回答了「千葉」。

「好近！不過我老家在埼玉，也是很近。伊良子老家在橫濱吧？那……中田呢？」

「我是前橋。這麼說來，我們都是關東人嗎？」

「啊！我是福岡人……」

長谷川有點害羞地舉手說道。一下子又喝完一杯酒的巴西里邊倒著白酒邊問：

「福岡哪裡？」

「博多。」

「那雜煮裡就會放圓形的年糕囉？」

「對的，還會放鰤魚跟勝男菜。」

「勝男菜？那是什麼？」

「啊，那是芥菜的一種……」

說到一半時，長谷川的鼻子一癢便打了個小噴嚏。喔喔，順風……我就輕盈地移動到巴西里的鼻子裡。我看看，真希望這是具不養生的肥胖身體……啊，不行。她很**健康**。這就是所謂**靈活的胖子**……免疫系統肯定也很強。呿！而且她呼吸很用力，我又輕盈地飛了起來……

「不、不好意思。嗯……雖然是青菜的一種，但有種獨特的風味。」

這次我改飛到追松那裡。她看起來那麼瘦，感覺應該營養不足吧？腸內菌群的平衡應該不太好吧？真是值得期待。好，就這樣從鼻黏膜進入體內……

唔！這也不行。

咦～為什麼？為什麼這個人的鼻腔這麼溼潤？難道他比外表還要年輕嗎？

「博多雜煮感覺好好吃喔……」

「小追，拜託人家做給你吃不就好了嗎？長谷川，這個人妳看怎麼樣？雖然他看起來這個樣子，但他其實還很年輕喔！今後一定很會賺錢。」

「這這這這這、這……我怎麼承受得起啊！」

長谷川臉紅了起來，追松的臉則比她更紅，非常害羞地開口：「請、請不要這樣。」

「我才賺不了什麼錢啦……而且我從伊良子老師那裡聽說，長谷川小姐她喜歡的是榎村老師那類型。也就是**冷酷型的眼鏡帥哥**……」

「真的嗎？長谷川？」

「該該該、該算是喜歡的類型嗎？要怎麼說呢……」

中田看著長谷川越來越慌張的樣子，體貼地說：

「她其實不是喜歡榎村老師，是喜歡《大江戶Dr.吸血鬼》的千千藏而已啦！」

「可是那角色的原型不就是榎村老師嗎？」

「基本上是這樣沒錯。也就是說，她的確是喜歡那種外表而已……跟個性一點關係也沒有，真要當男友就另當別論了，對吧？」

長谷川頻頻點頭回覆，微笑著的中田。將這場面意譯出來大概就是：「**就薄本的素材來說的確是非常喜歡，但這都是因為二次元化才有其意義，三次元的本人怎麼樣就是另一回事了。**」我在長谷川的房間裡看了很多同人誌，所以很清楚。全都是**千千藏受的本子**。不過那興趣基本上好像是個祕密。只有中田跟伊良子知道的樣子。

一邊想著這些事，我經過了伊良子的面前，打算順勢移動到中田的身體裡試試看。因為他眼睛下面有淡淡的黑眼圈，肯定睡眠不足。我飛……啊！好像已經有人在了。

（唷！你晚了一天～中田的身體好像已經被占據囉！）

（我記得你是山形株的……）

（B.**普吉府類**。Sawadee kap！可是不是我們占據了他的身體，是你的夥伴。我也正要回去了。）

（**真假？**現在是潛伏期？）

（沒錯，大概明天就會突然**發起高燒吧**？不過這個人好像有打疫苗。）

（那麼祭典應該不會太盛大吧……我也去其他地方吧！）

（我們就互相加油吧！祝你順利！ChoakDee Na Krab！）

普吉府病毒邊揮舞著ＮＡ（神經氨酸酶）與ＨＡ（血凝素）的刺突離開。唔嗯……好像找不到什麼好的宿主啊，我只好又回到長谷川的鼻腔裡。現在就算再進入她的體內，裡頭也已經有抗體了，簡直毫無意義。

「啊！來了！榎村，這邊。」

坐在靠近走到的中田揮手叫道。榎村只把臉露出來，向其他包廂裡的人要帥地說著：「不好意思，來晚了。」

「快點進來坐吧……嗯？你手上拿了什麼？」

面對中田的提問，榎村啪地拿出……

大紅色的玫瑰花束。全部的人都傻眼地看著那必須要雙手才能抱住的巨大花束。

「這是……給妳的。」

「咦？咦？」

長谷川看著推到她眼前的花束，不禁縮著身子抖了一下。

「啊，這沒有什麼特別意義，只是個小小的聖誕禮物。送花束這麼無趣的禮物真是不好意思。」

「咦？啊！不會，可是那個……」

「只是一點小心意。」

「喂喂～榎村老師，這裡也有另一個女性在喔？」

看到巴西里起鬨有點不滿的榎村，還是拿出了一個小小的禮物說道：「這準備給府上的小孩」。

「這是森林家族的豹紋貓，希望沒有重複。」

「哇啊！你還記得我家孩子有在收集森林家族啊。雖然看來那麼高傲，但沒想到這麼會做表面工夫，好萌～」

「咦？乳迷叔，你怎麼會知道巴西里女兒的事？」

「之前在出版社的派對上有遇到。啊……這邊是第一次見面的人吧？我是跟這個**鬍子女性化大叔**合作，一直在照顧他的榎村遙華。」

追松相當有禮地點頭打了招呼，伊良子則是舉高了酒杯說：「已經聽說你不少事蹟了！」

「……喂，乳乳你剛剛是不是很順地說『你在照顧我』？」

「追松老師，我有在看《在下是這附近的人》，真的非常佩服您在採訪時付出的心力。」

「乳迷叔，你是忽略我嗎？」

「她正好很想要豹紋貓呢，謝謝你！好了，那你要喝什麼？」

「啊，我要烏龍茶。」

「我等等想拜託乳迷老師幫我簽名，我還有帶書過來。」

不顧四周的人已經開始七嘴八舌的說話，長谷川仍舊抱著花束維持著石化狀態。發現這一點的榎村則：

「……妳不喜歡玫瑰嗎？」

有點不安地這麼問道。

「不，不是的。怎麼會呢……只是沒想到會從自己尊敬的作家手上收到花束，真的太高興了。」

「能讓妳這麼開心是我的光榮。」

輕輕調整著自己的眼鏡位置，榎村看起來相當滿足。中田則是用著微妙的眼神守護著他。

「那……那個，榎村老師……可以跟這束玫瑰一起拍照嗎……」

「當然。妳把手機借我我幫妳拍。」

「不、不是的……我是想要榎村老師跟玫瑰一起的畫面……」

「咦？啊，原來如此。原來是要一起拍啊。那我們就來拍吧！喂！陰叔，這可是重要的大工作喔！現在這瞬間你可要讓你的構圖能力爆發出來！**要是沒有對到焦的話，你就可以去死了。**」

「好好好，你還真是囉唆啊！就讓我來拍吧！好了，你們兩個的手機都借我吧！」

長谷川兩眼發光地拿出了手機，（**請拍玫瑰跟榎村老師的合照……！**）如此看著中田。看來她內心的吶喊似乎有順利傳達了過去，（**我了解，妳想要我老婆跟玫瑰的照片對吧……！**）中田微微點了點頭。然後，就只有什麼都不知道的榎村還說著：

「哎呀～真傷腦筋，我實在不太會拍照。不過難得的聖誕節，再加上又是長谷川的要求嘛！哈哈哈哈！」

甚至還開始整理自己的瀏海。

「那我要拍囉──兩個人再稍微靠近一點！」

「什麼？靠近一點？啊……那我不好意思了……」

榎村這傢伙，竟然還把手臂環上長谷川的肩膀。一看就知道他拚了命努力不讓自己露出傻笑。啊！不過他也不是緊緊抓住肩膀，而是離了0.5公分的距離……**他的指尖可是抖個不停**。這個大叔怎麼這麼清純，真是太好笑了～怎麼可以這樣逗笑病毒呢！

「好，再一張～擺出在聞玫瑰香味的姿勢吧？」

「……哈啾！」

哎呀！

我又隨著長谷川的噴嚏，再次飛到了空中。經過了那玫瑰花束後……**好呀！**終於順利**到達了榎村鼻子的入口～**嗯，這裡很不錯呢！這裡好像真的很舒適喔！

「不、不好意思。」

「不會……那個、那個噴嚏非常可愛喔……」

「咦？你們兩個的臉變得都好紅喔！foo──foo──」

「嗯哼。伊良子老師，請不要這樣。我是無所謂啦，但是長谷川會很不好意思的……」

「你在說什麼呀！榎村的耳朵也很紅喔！你這外行的**處男**！」

「什……」

「巴西里老師，長谷川會當真的！放過他吧──」

（然後會全部都當作薄本的設定）

中田一邊這麼說著，一邊拍下了更多照片。我聽著這麼和樂融融的對話，順勢往**鼻腔深處**前進！啊──很不錯喔～裡面很乾燥。睡眠不足、營養不足，看來他吃東西很不均衡喔！

決定了～

我就要打擾這裡了！

榎村老師，還請您多多指教了！

◇

這下慘了……

應該是說，現在也很慘。

中田的所有身體關節都很痠痛，更是充滿了倦怠。不過，像是要將頭分成兩半的頭痛有稍微減輕，原本有38.5度的高燒也降到了37.8度。

「就算打了疫苗還是感冒了……不，應該說幸好打了疫苗才只有這程度吧……畢竟，上次小稻還說發燒到超過39度時，會**看到花田**呢……」

中田一邊這麼喃喃念著，一邊吃著蛋花烏龍麵。

雖然到今天早上之前都只有喝水，但到了下午終於開始感覺到肚子餓了。

啊啊，實在是太可怕了，流行性感冒。

中田正好是聖誕節那天開始感到身體不舒服，就算是聖誕節，但他隔天二十六號還有一個截稿的工作，於是他便放棄了聖誕歌曲，改聽著**八代亞紀**工作。

「《淚戀》真的是首名曲啊！」抱著這種想法，中田忙著趕工春天要開始播映的動畫《大江戶Dr.吸血鬼》的相關工作。這麼說來，平安夜聚會時，榎村也說年底要忙著工作。看來為了配合動畫化，他手上也有了番外篇小說的工作。

順利結束工作的當晚，他就開始發燒了。

「咦？感冒了？難道是流行性感冒？嗯嗯……這兩者的症狀到底有什麼不同呢……」中田一邊這麼想著，一邊入睡了。

現在回想起來，那時突然發燒很有可能是流感。不過，當中田確定是流感時，已經過了流感治療藥的有效發揮期48小時了。

這麼一來，就只能不斷睡覺，自立自強地與病毒對抗了。

二十七、八號幾乎都快要跟床鋪合為一體，到了今天二十九號才終於能起身，甚至還能吃烏龍麵了。

「嗯？」

中田頂著睡得亂翹的頭髮與鬍子吃完了烏龍麵，打開手機就發現長谷川傳了訊息過來。上頭寫著：**「您的身體狀況現在有好一點嗎？」**這麼說來，兩天前她問了下個月要過來幫忙的時間，那時候中田則是回說身體不舒服，希望之後再回覆她。

——不好意思，我好像得了流感，今天才好不容易退燒。下個月就麻煩妳就照之前的預定過來吧！

——咦？流感……！請問我方便過去探病嗎？我會帶一些好消化的東西過去。

——謝謝。可是我現在已經快好了，不用擔心。而且要是傳染給妳就不好了，不可以過來喔！

就算感冒快好了，體內還是有病毒吧？這幾天最好還是別跟其他人有接觸。

在中田打算再傳一次訊息給還是很擔心的長谷川時……又有另個人傳了訊息過來。

水

「……嗯？乳乳？」

接著，又傳來一次。

水　僅急　發稍

就連選字都沒選對。

中田猛地從客廳的椅子上起身，卻又立刻頭暈目眩了起來。看來中田自己也還沒康復。不過，榎村的狀態似乎更危險。他穿著當成睡衣的運動服，套上了短外掛就離開了房間。

到隔壁根本花不到五秒。

由於門根本沒上鎖，中田便擅自進去了。接著打開臥室的門，便發現手機掉在床下，手腕垂在床外的**榎村屍體**。

「唔唔唔唔……」

「啊，還沒死。」

「唔唔唔……別殺死我……水……」

「啊，對喔！」

中田再次回到自家，將運動飲料與水塞進購物袋，並且放了幾根吸管進去後，再次前往隔壁家。

「好了，快喝吧！」

首先將吸管插入常溫的運動飲料裡，再拿給癱軟在床上的榎村。躺在床上的時候，有吸管的話會方便許多，這是他最近的實際體驗。

「呼……復活了……」

「真是的，要是感冒的話，好歹也先準備好運動飲料吧！」

「誰知道會感冒啊……不過我應該是得了流感……陰助，雖然是我找你來的，但你最好別繼續待在這裡……」

「沒關係。」看著榎村憔悴說話的樣子，中田不禁覺得有點可憐。

「其實我直到昨天也因為流感昏睡在床上。」

「這麼說來，**這是你的流感……！**」

「誰知道你是在哪裡被傳染到流感的啊！」

「仔細一看～你的樣子也十分嚇人嘛……滿臉的鬍子……簡直就像是**綠球藻**一樣……」

「乳迷叔你簡直就像個重病病人一樣啊！頭髮亂七八糟，又全身是汗，這樣不換衣服不行吧？」

「我也想換衣服啊……呃……替換的睡衣……」

雖然榎村似乎想抬起身來，但卻又中途定住，碰地一聲又癱回了床上。

「啊！這是時常會在漫畫裡看到的樣子呢～」

「陰叔～地球真的會旋轉耶～團團轉個不停……**好噁心啊……**」

看來榎村是真的無法起身。

中田只好從榎村口中問出替換的衣服到底在哪裡，再從如魔窟一般的衣櫥裡找了出來，邊說著「真是傷腦筋的傢伙」，拉起了榎村的被子。

「唔唔……我又沒有拜託你……」

「要是你的病情繼續加重，也會影響到合作企劃吧？好了好了，爺爺來換衣服吧！」

「咳咳……真不好意思……」

「老爸，不是說好不要再說這種話了嗎～」

「喂！所以我**到底是爺爺還是爸爸**，**統一一下設定啦……**」

「別說了，先把手從袖子抽出來。」

「啊唔～別搖我啦……」

「唔哇！睡衣吸了汗後真的好重……好，下面也要脫。」

雖然榎村原本打算乖乖脫掉睡衣的褲子，但似乎是因為高燒的影響，手無法靈活動作。中田只好將手搭上褲頭，說著：

「啊——受不了，我來弄就是了。」

「好了，腳抬起來。」

對了，褲頭是有彈性的**鬆緊帶**。

因為是睡衣，當然是用**鬆緊帶**了。而在這種時候——**時常會發生一種意外。**

「你這傢伙，做什麼啊！」

「哎呀！不好意思。」

「咦唔呼呀喔喔喔喔……!!」

由於聽到了相當奇妙的尖叫聲，中田與榎村都不禁同時看向臥室入口。在那裡幾乎腿軟卻仍勉強站著的是——長谷川。她的腳下有掉落的紙袋，優格、冰淇淋、香蕉等等全都散落一地。

咦？為什麼會是現在？

為何會在這個時間點？

所謂這個時間點，也就是中田正打算替乳乳換衣服，為了要脫下睡衣褲子就讓他抬起屁股&腳，將褲子脫到膝蓋時，卻因為鬆緊帶材質的關係，就**將他的內褲也一起唰地脫了下來～**就是這種時間點……

雖然中田因為這突然的狀況還來不及吐嘈，一句話都說不出口，卻突然醒了過來。這時，一定得先說的一句否定就是：

「不、不是啦！長谷川，事情真的不是這樣！」

另一方面，榎村那邊則是因為被看到太過愚蠢又丟臉的樣子，不禁**暫停思考**，就連腳都忘記放了下來。

「其實，這是我要幫他換……」

「不、不好意思——」

噠噠噠噠，碰噹！

長谷川就像是逃跑一樣飛奔了出去，還可以聽到玄關門關起的聲音。在門關起前的瞬間，可以聽到她大叫著：「**還是官方最強啊——!!**」

♪一年之始的　慣例——

♪永無止盡的　歡慶——

「這種世界乾脆結束算了……！」

榎村碰地拍了桌子，誇張地嘆著氣。

「別這樣～為什麼從元旦就在說這種不吉利到極點的話啊！」

「終末！終焉……我心中的世界已經宣告結束了……！喂！給我關掉那個開心的電視節目！」

好好好，中田按下了遙控器的開關。

新年。

榎村的高燒在除夕的早上終於退了。

中途甚至一度燒到39度，讓中田煩惱是否要將他送急診了。但在那之後，症狀逐漸減退，昨晚總算有辦法起床，還能看紅白歌唱大賽了。

身體康復的確是件好事……

「那、那種樣子……我身為武士已經活不下去了。」

「誰是武士啊！你不需要在意這種事情，我有好好傳訊息給長谷川，已經解開誤會了。」

「問題不在誤解……」

「那到底是什麼問題啊？」

「哪有男人會讓妙齡女子看到這麼丟臉的樣子啊！而、而且……那個……她甚至還是**我的書迷**……」

「嗯，算是吧！」

長谷川的確是榎村的粉絲，但那是經過腐女子視角的濾鏡調整及修正。以二次元的眼光看榎村，將《大江戶Dr.吸血鬼》的角色千千藏投射於其上。而長谷川腦內又是怎麼設定千千藏的呢……

「『算是』是什麼意思。她只要跟我對上眼就會臉紅……很可愛啊！」

之所以會臉紅，**是因為她腦子裡那些無法言喻的妄想啊！**但中田也沒壞到會在新年告訴他這麼殘酷的事實。

「啊——打擊真的好大。竟然會因為流感病倒，還讓鬍子陰叔替我換衣服……看到雞雞了對吧……」

「新年別說雞雞這種話。」

「就算是你，我也不想讓你看到我的寶物啊！」

「人家也不想看到好嗎？」

「不是你脫掉我褲子的嗎？」

「我是要替你看病好嗎？話先說在前頭，**我是第二次替你看病了！**簽名會的時候你也病倒了不是嗎？就不能把身體管理做好嗎？」

提到過去的發生的事實，就連榎村也不禁只能悶哼一聲，在那之後好不容易才擠出：

「給……給你添麻煩了。」

「超麻煩。麻煩無比。多虧了你，害我年底都忙個不停，就連去百貨地下街地時間都沒有。啊啊……過年竟然沒有年菜或是雜煮……」

「現在不是可以在便利商店買年菜了嗎？」

「我才不要那種的呢！我想要那種比較正式的。雜煮也是，我不要吃速食雜煮啦！」

看著中田不斷唉聲嘆氣，榎村似乎想起了什麼似的，「啊」的叫了一聲。

「**有雜煮**。」

「我就說不要速食雜煮了……」

「不是速食，是冷凍的。」

「啊？冷凍的不是也差不多嗎？啊～我想吃有美味高湯，其他配料也很豐富的雜煮……」

「雖然我還沒吃過，但配料應該滿豐富的。因為自己煮雜煮實在很麻煩，我就**網購**來了。」

「……**網購**……」

「ＹＥＳ！**網購**。」

兩個人沉默互看了一陣子後，同時點了頭。

「這裡實在太髒了，改去我家。」

「唔嗯，我想沖個澡舒服一點，三十分鐘後過去。」

過了一下，中田回自己的房間。雖然原本就沒很亂，但還是把餐桌擦得乾乾淨淨，並將小竹製花瓶裡的水換掉。為了營造新年氣氛，選用小菊花與竹的花飾，是上次長谷川帶來的。

雖然中田在那之後立刻傳了訊息想解開誤會，卻收到了這種回覆。

我才十分抱歉，沒事先聯絡就直接過去打擾，而且還擅自踏入家門，真的非常抱歉。雖然看起來很像藉口，但我原本認為中田老師會太客氣，才會沒先約好就過去。因為大門沒有鎖，裡頭似乎也沒有人在，我才認為老師可能在隔壁……真的非常非常抱歉。

雖然道歉了那麼多次……兩位的流感似乎是我這邊傳染過去的。當老師約我去參加平安夜的聚餐的時候，剛從感冒康復的我應該要婉拒的。一定是我的病毒還未完全消滅，就傳染給中田老師跟榎村老師……如果可以搭上時光機回到平安夜，我甚至想回去撲殺那個打算出門的自己……

不，應該不用到撲殺這種程度才對，但可以肯定流感還沒完全康復就出門的確會威脅到周圍的人們。

最後，我甚至還在那種時候出現……一想到榎村老師心裡會有什麼想法，就覺得得快點刪去映在我眼裡的影像才對，但無論如何都無法刪除。我想，那大概是我心裡邪惡的部分在大聲主張絕對不想刪除……對這樣的自己，我實在覺得太過丟臉了。當然，我沒有誤會兩位的關係。老實說，雖然只有短短一瞬間有那種錯覺，在那之後就察覺老師只是在照顧病人罷了。都是因為我傳染了病毒給兩位……

之後長谷川還是不斷地道歉，真的是封非常長的訊息。就中田來說，他原本就沒打算責備特地前來探望自己的長谷川，讓她看到那種場面，說穿了也只是時機不對。榎村本人似乎也只是對讓她看到那麼丟臉的樣子而害羞而已，更別說要告訴他**詳細的真正事實**。

中田鋪上了餐墊，讓餐桌多少增添了點新年的味道。這時，榎村剛好也到了。整個人清爽不少，還穿著燙好的襯衫，搭配毛線織的背心。而他手上拿的正是……

「拿去吧，**雜煮。**」

「喔？比想像的還要多呢！」

中田在接過來的同時，也感受到了那份重量。

「喔～原來**一包有五百公克**啊！還真重啊。」

「一滴水都沒不用加，直接倒進容器裡微波加熱就好。」

「**超方便的！**而且這不是普通的雜煮……」

中田唸著包裝上的字。

「博多雜煮跟……島原料多雜煮？」

「各個地方的雜煮都各有特色，很有趣吧？雖然我很喜歡東京的雜煮，但是也有點在意其他地方的雜煮吃起來是什麼口味……啊啊啊，肚子餓了……這幾天我根本沒吃什麼東西……」

兩人一起進入廚房，準備開始調理。話雖如此，也不過只是**微波**罷了。拿出餐具，立刻切開包裝。冷凍雜煮便咕嚕地滑了出來——中田還用力地聞一聞香味。

「哇！明明是冷凍的，卻還有**高湯的香味！**」

「真的耶……看來相當值得期待了。嗯，必須放到大的丼飯碗裡才行。拉麵碗應該剛好才對。」

「『SEKI亭』……這是福岡的店，所以才叫博多雜煮啊！這麼說來，長谷川有提到博多雜煮呢——裡頭好像有放魚？」

「好像有鰤魚。高湯也不是用鰹魚，而是**文鰩魚**熬的。」

「文鰩魚？」

「飛魚。」

「喔～島原料多雜煮……哇！裡面有放**烤星鰻**耶！」

「關東雜煮大多是放雞肉耶。」

「乳乳老家呢？」

兩個人在嗡嗡作響的微波爐前站著等待，開始聊起雜煮。榎村是青森人，有時自言自語時也會說出津輕腔。

「我記得也是放雞肉，還有很多根莖菜類。」

「麻糬呢？四方型的？」

「是方麻糬沒錯。關西那邊比較會用圓麻糬吧？」

「啊，真的耶。博多雜煮跟島原料多雜煮都是放**圓麻糬**。」

中田重新看了包裝的照片才突然發現的。雖然雜煮是日本全國各地都會出現的食物，但可能因為很有節日紀念意義的緣故，充滿了各地的風格特色。

用耐熱容器加熱約十二分鐘，等麻糬軟化之後就完成了。隨著「叮」的一聲，兩個人同時認真地望向微波爐。

「如何？」

「我喜歡熱呼呼的雜煮，還想再微波一下。」

「我也是。不過，小心別讓麻糬融化囉？」

接著又繼續微波了二十秒，兩個人趁這時候決定誰要吃哪一種雜煮。平常他們會用猜拳來決定，但這次難得榎村先讓步了。

「用來償還你替我看病的恩情，你先選喜歡的雜煮吧！」

「看著莫名其妙這麼囂張的乳迷叔，還真讓我感受到你真的是康復了啊！那我要選博多雜煮。」

「那我就是島原了。喔，煮好了。」

兩個人忙著將雜煮端到餐桌後，面對面而坐。畢竟是新年元旦，兩個人還是端正了姿勢，說道：

「**新年快樂**。」

「……為什麼從新年就得兩個大叔面對面坐著吃飯呢……」

「我才要這麼說呢！」

「而且，就算現在這樣面對面坐著，**也沒有什麼異樣感**……分明我們也不是家人的說……」

「雖然不是家人，我們是夥伴。」

「啊？」

榎村看到中田瞪大了眼睛，便補充說了：「合作企劃。」

「啊、對喔！」

「還有，也可以說我們是**網購夥伴**。」

「這麼說來，最近只要網購大多都會跟乳乳一起分享呢……」

一個人吃不完的網購美食。一個人則無法分享那種美味的，網購美食。

就算只有一個人，也能夠吃飯。如果只是想填滿肚子，那只要能吃的東西什麼都好，也不用在乎快樂與否，即使如此，人也能夠活下去。

但是，為什麼呢？就是會想要跟其他人一起吃著美味的食物。想要**互相說著「好吃、真好吃。」**特別是在新年這種時候。

「要冷掉了，快吃吧！」

「嗯。」

就連說著「開動」這句話的時間點也相當完美。

中田先是好好享受了**高湯滿溢的香味**。該怎麼說呢，光是這樣就足夠幸福了。接著，再用湯匙掬起透明的高湯。

「呼～能生為日本人真是太好了……雖然高湯相當濃厚，但鹽分卻沒那麼高。感覺好像**從胃袋開始治癒了自己～**」

然後是**鰤魚**。

對關東人的中田來說，對雜煮中竟然會放魚肉實在感到有點不可思議。至少現在喝的湯頭並沒有腥臭味，那麼，魚肉又如何呢？

「……**天啊，好好吃！**」

鰤魚片也充滿了魚的鮮味，不過卻絲

毫沒有腥味。

「鰤魚真好吃。**跟雜煮太搭了**。我反而要懷疑，為什麼關東的雜煮會沒放鰤魚呢？現在一吃，才發現鰤魚真是不可思議地適合雜煮……！實在是太好吃了，讓我不禁想說我平常根本不想說的冷笑話……**鰤魚，鰤在美味！**」

「我這邊的烤星鰻更是好吃得讓人難以置信。烤過之後的香氣實在讓人受不了。**優雅又深奧的烤星鰻美味……**而且，**除了鰻魚以外，其他配料也非常多。**啊！裡頭也有雞肉嘛！真是名符其實的料多雜煮……！」

「還有很多蔬菜！」

「就是說啊！呃…島原隊裡頭放了紅蘿蔔、牛蒡、白菜、水菜、蓮藕等等……而且，就算經過冷凍，每種菜還是**非常清脆**。**蔬菜的口感還是能著實地留在嘴裡……！**」

「博多隊裡頭則是放了**勝男菜**！唔哇——這是我第一次吃勝男菜耶！味道很香醇，**別有一番風味**。就跟長谷川說的一模一樣！」

「我聽說那是會讓人聯想到『勝利』的幸運蔬菜，不過怎麼說也是青菜的味道吧？」

「不，吃起來並沒有青菜特有的苦味啊……」

「我吃吃看。」

榎村的筷子就這樣插進中田的碗裡。現在他已經可以這麼自然地做這種事情，而受到這待遇的中田也沒有特別抵抗，甚至為了方便榎村取用，還將碗稍微地轉向對面。

「……啊，真的耶！**明明只是菜葉，但味道卻很濃厚。**」

「對吧？麻糬還有兩個。啊啊……又圓又軟……」

「嗯。這簡直就像是……」

「乳乳，大過年的別說那種話喔！」

「我什麼話都還沒說吧？**橫躺在雜煮裡，即將融化的柔軟麻糬簡直就像是熟女的巨乳一樣美好。**我不是還沒說這種話嗎？」

「看來你不說就活不下去啊！」

中田露出嫌惡的表情，用筷子夾起麻糬。看來麻糬也加熱得正剛好。中田老家會將方麻糬烤得香噴噴的之後，再放入雜煮之中。不過，像這樣用煮的麻糬也十分美味。

「呼啊！」

香軟。

「呼啊！」

Q彈。

柔軟又滑順的麻糬，不僅是有韌性又充滿彈性，**糯米的風味與高湯相互融合**，產生了**難以言喻的美妙和弦**。當中田不斷咬著嘴裡的麻糬享受著那口感，坐在對面用差不多的表情享受麻糬的榎村開口了。

「元旦時享用各自家裡的傳統雜煮，第二天之後就可以像這樣，吃吃看自己不熟悉的其他地方雜煮也很不錯啊！」

「這樣也可以不用一直在廚房忙碌，輕鬆不少！至少新年該好好休息嘛。」

「說穿了，**除了新年以外，其他時候也會想吃雜煮啊！**」

「啊！我也這麼覺得。因為麻糬很好消化，像現在大病初癒時也可以吃。雖然是冷凍食品，但像這樣放了這麼多蔬菜，就算吃了也不會有罪惡感。」

「……而且，島原料多雜煮竟然只有256大卡喔……真是超級健康食品。而且，還選用了日本國產的食材。」

啊啊，真是太值得感恩了。從新年開始就這麼充滿感謝與感恩。兩個人一邊說著吉祥話，筷子也不曾停過。

「湯頭……湯頭真美味……我可能是因為年紀大了，幾乎無法喝完拉麵的湯。但如果是**這雜煮的湯，我甚至覺得可以一輩子一直喝下去……**」

※博多雜煮　※島原料多雜煮

「肚子暖呼呼的，真幸福……」

「可以像是這樣美味地享用食物……真好。」

「果然還是必需健健康康的才行……我今年的目標就是要保持健康！」

「你分明就比我年輕一點，竟然立定這種老氣的目標。」

「健康跟年齡又沒有關係。乳迷叔你才是該好好注意，仔細管理健康，讓自己的身體有能力對抗病毒。」

「是你的病毒太強了吧！**鬍子株女性化大叔類流感**。以超纏人的病毒而著名。」

「你幹嘛創造這莫名其妙的新種病毒啊？我的病毒大概是長谷川……」

中田說到一半突然止住，看來最近應該要避開長谷川的話題比較好。

「長谷川怎麼了？」

「啊！沒什麼啦。」

「……難道你是從她那裡傳染到感冒的……」

「又沒人說這種話。啊——好想吃栗金飩啊。」

「難道……難道你……跟長谷川她有**親密接觸**，甚至是**黏膜接觸**？你這陰叔!!不！你戴著**女性化的無害面具**，欺騙了天真無邪的長谷川，結果沒想到真面目是大聲吼叫的大野狼！**竟然對妖精一樣的長谷川**做出這種事跟那種事！唔哇啊啊啊！」

「先等一下！等一下！冷靜點乳乳。你忘了我的喜好嗎？我喜歡的是帶著冷漠微笑，眼神卻毫無笑意，**用那雙高跟鞋將全世界的男人踩在腳下的超級虐待狂女王喔？**」

「……話雖如此……可是長谷川那麼可愛……」

「的確很可愛沒錯。」

「你不是稱讚過她直率又很認真工作嗎……」

「嗯，的確是個非常認真的助手。」

「**職場……戀愛……！**」

真讓人傷腦筋。沒想到他稍微恢復了點精神，就立刻開始進行**榎村劇場**了。

「不可能啦，要我說幾次啊！長谷川是乳迷叔的粉絲啊！」

「……真的嗎？」

「真的。（雖然有點微妙的不同）」

「不過……她應該只是喜歡我的作品吧？」

「啊——嗯……她是……透過（名為薄本的）作品而喜歡（二次元化的）榎村老師。」

他沒有說謊，只是沒將心裡面的補充說出口罷了。他可沒有說謊。中田只是有些不願意打破**中年男人的夢想**，但又覺得讓他抱持太大期待實在不太好。真是很難拿捏分寸。

「嗯……畢竟我們首先就是以作品決

勝負嘛。」

看來榎村終於冷靜了一點，呆呆望著空空的碗底這麼說道。

「沒錯，我們就是得透過作品來傳達啊！」

「總之就先努力合作企劃吧……」

「加油吧。長谷川她也會很高興的。**（瘋狂炸開妄想的小宇宙）**……啊，對了，她好像很擔心我們，一起拍照傳封新年快樂的訊息給他吧。」

「喔！陰叔你偶爾也很聰明嘛！**啊！我的美貌還好吧**？會不會很憔悴？」

「你剛剛是自己說了美貌嗎？先別管你的腦袋，總之你的臉沒問題。受到了雜煮的治癒之後，氣色也恢復了不少。」

就這樣，兩個大叔從新年剛開始就說著**「say cheese」**自拍了。但畢竟中田家裡也沒有自拍棒，只能伸長了手腕拍照，兩個人只好靠得非常近。最後在兩人臉貼緊的照片上加上了**「今年也請多指教♡」**的文字，傳送了出去。

「呼……這樣長谷川應該也會很高興吧……」

看著榎村滿意地摸著臉傻笑，中田則是帶著慈愛的微笑回覆：「我想她會非常高興的～」

大概……會興奮地大叫說：**「從新年就太神聖了!!」**

order. 14／END

宅配美食 *Information*

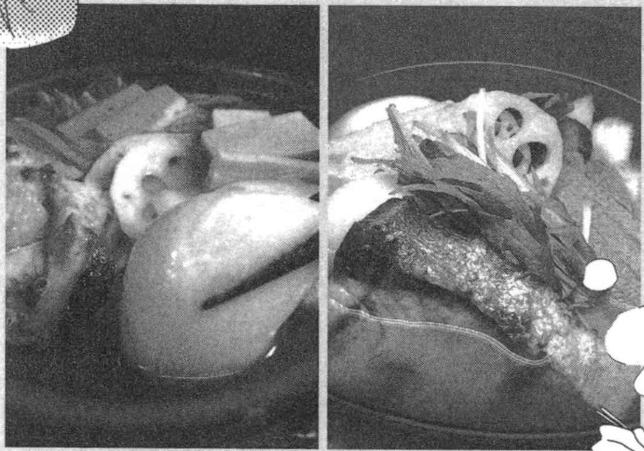

島原料多雜煮、SEKI亭 博多雜煮
[雜煮SEKI亭]

[價格] 日幣各1,296圓
[保存期限] 冷凍180天

料多雜煮是長崎縣島原自「島原之亂」之後就傳承至今，料多味美的鄉土料理。全都使用了日本國產的食材，特別是牛蒡、紅蘿蔔清脆的口感，再加上優雅又鮮味十足的高湯，這麼美味的一餐卡路里卻只有256kcal。博多雜煮則是用了飛魚高湯又加了鰤魚肉的雜煮。兩款都可以使用微波爐輕鬆加熱。

⇒ http://item.rakuten.co.jp/jrk-shoji/c/0000000547/

「鰤魚，鰤在美味！」

——榎村遙華

Sensei's
"Otori-yose"
★ ★ ★

網購美食
宅幸福

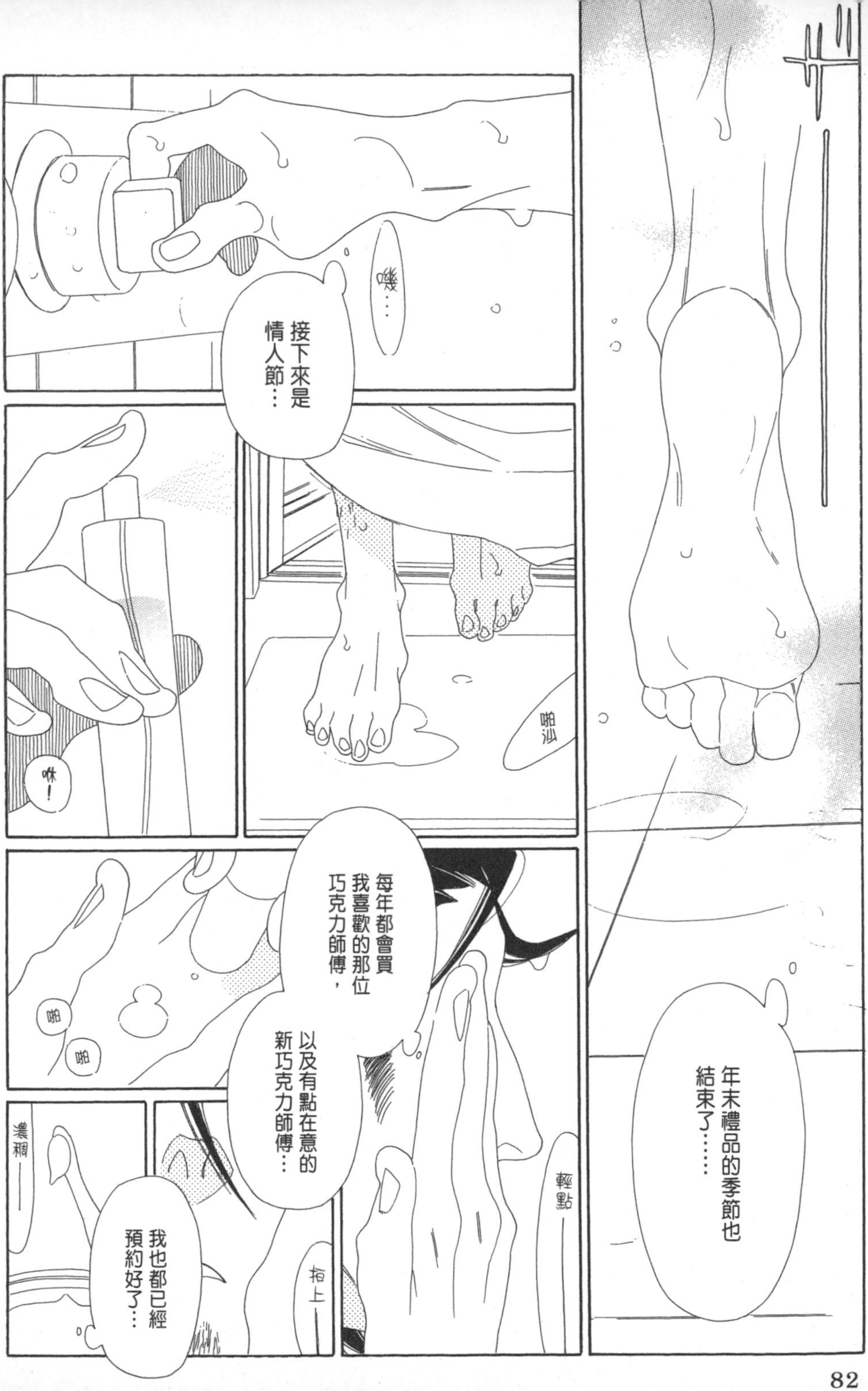
年末禮品的季節也結束了……
嗯…
接下來是情人節…
啪沁
咻！
每年都會買我喜歡的那位巧克力師傅，
以及有點在意的新巧克力師傅…
啪
啪
輕點—
抬上—
我也都已經預約好了…
濃稠—

真完美。
叮咚——
？
宅急便嗎？
鬼女島
來了——
嗶
似曾相識
Sensei's
"Otori-yose"
★ ★ ★
網購美食宅幸福
order.15
超越鹽醃牛肉的事物
有女性在喔！

那一位是……
留著短包柏頭，眉毛是最近流行的粗眉，眼睛很大，樸素又害羞的笑容讓人無法招架，胸部較為收斂的年輕女性嗎？
只有短短一瞬間，實在沒看得那麼清楚。
村
不過……
呀——啊哈哈哈討厭啦——
的確是年輕的女性沒錯。

看吧？我才剛說就聽到了。
噠！
唰！
啪！
閃亮！
整潔
訂製西裝
叮咚——
嗶
你好？
啊！我是隔壁的榎村。
來了——
那我就先告辭囉——
啪噠
啪噠
啪噠……

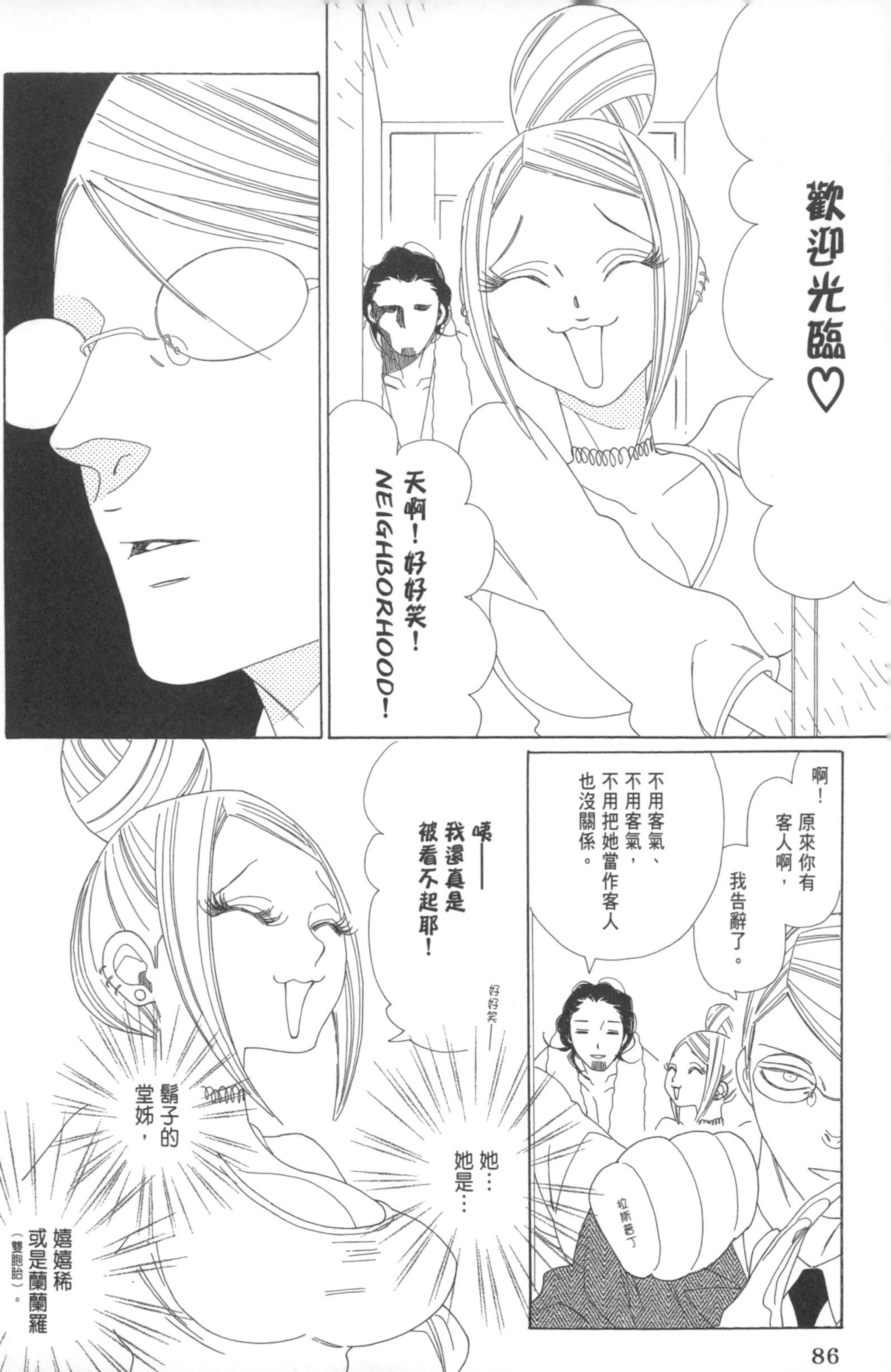
歡迎光臨♡
天啊！好好笑！NEIGHBORHOOD！
啊！原來你有客人啊，我告辭了。
不用客氣、不用客氣，不用把她當作客人也沒關係。
好好笑——
拉斯普丁
唉——我還真是被看不起耶！
她…她是…
鬍子的堂姊，
嬉嬉稀或是蘭蘭羅
（雙胞胎）。

回不了家了。
今、今天…
花…
只有妳一個人嗎？
是來觀光的嗎？
啊！
社交辭令
真的是呀…
聽我說——NEIGHBOR HOOD!!
啊——打開潘朵拉的盒子了……
對了，小雅再幫我倒一杯茶。
我家老公啊……

竟然
欠了兩百萬。
咦？
欠債…
不是跟地下錢莊借錢，應該說是跟信貸那一類的？還是跟銀行貸款那種？不是有可以在ATM預借現金的嗎？就是那種。
咦？可是兩百萬……
還不少錢…
是不是買了什麼貴重的東西啊？像是機車…
或是白金限量的假面騎士卡？
不，
什麼都沒買。

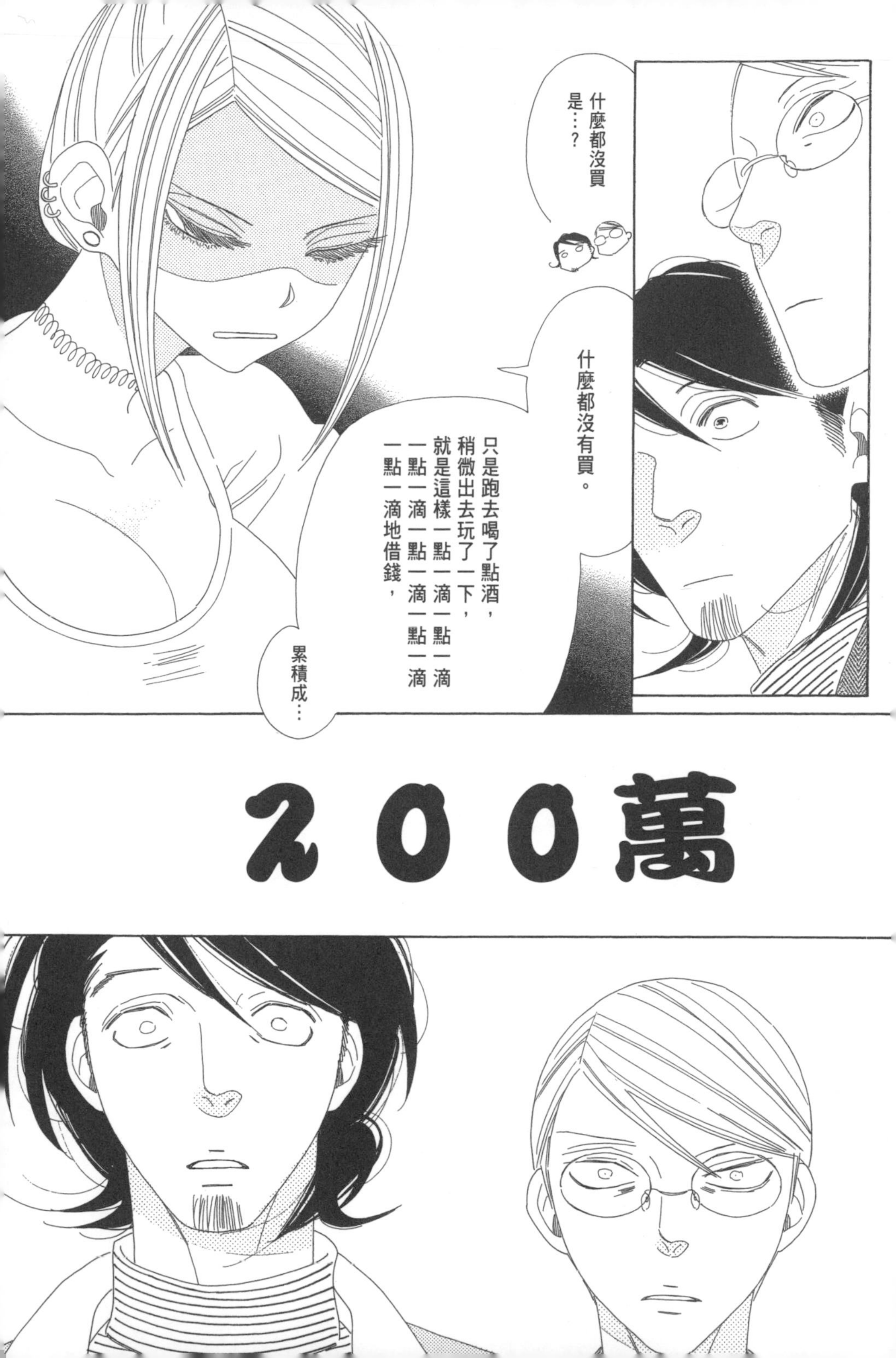
什麼都沒買
是…？
什麼都沒有買。
只是跑去喝了點酒，
稍微出去玩了一下，
就是這樣一點一滴一點一滴
一點一滴一點一滴一點一滴
一點一滴地借錢，
累積成…
200萬

為…
為什麼不在變成這麼一大筆錢之前還掉!?
對吧?很誇張吧!?
太誇張!太誇張了!!
預借現金一次不是只能借1、2萬而已嗎?等薪水進來就該還掉啊!
我還寧願他買什麼貴重物品呢!
這真是最糟糕的欠錢方式!
所以我也這樣跟他說了!!
簡直可說是伴隨著生活節奏在借錢啊!
結果他竟然!
不,不用擔心了。我爸媽幫我付了。
這麼說!!
到底是要多靠爸媽!!
他是寬鬆世代嗎?啊?
不覺得很糟糕嗎?
啊?開什麼玩笑啊!!
糟糕透頂啊!!

所以人家就當場給了他一個頭槌！
然後直接跳上SWALLOW赤城號。
651系
1000號
原來如此…
砰噹…
…我們會不會離婚呢…
咦咦！怎麼可以!!
我們這一代的就只有妳結婚啊!!
是這樣嗎？
阿姨會很難過的!!
眼神祝福（勉強）
我又不是為了大家才結婚的!!

不過這女人到底是那一個…
嬉嬉蒂還是蘭蘭露？
是哪一個都無所謂啦…
!!!
四次元!?
啊，對了，小雅…
掉出
？妳胸部好像掉了什麼東西出來。
啊——這個，對喔！
因為太生氣了，就把人家送我老公的禮品帶來了。
大家一起吃吧——
!!!!
這…
這不是…
嗯？
…

這不是來自夢幻之都SMOKE HOUSE FINE的米澤牛鹽醃牛肉嗎!!
什麼夢幻牛肉?
這可不是用肉就可以形容的東西!!
笨蛋問題!
這可是將日本三大和牛之一的米、澤、牛!!
奢侈地大量醃製而成的鹽醃牛肉!!
米
澤
牛
鹽漬後的大腿與小腿肉,
再花上半天時間細細燉煮後撥散,重新成型,
已經不是普通醃牛肉了。
是超越了醃牛肉的究極醃牛肉!!
好久了說
咩

總之，來吃吧！
等等！妳剛剛有聽我講話嗎!?
不要那麼隨便地吃啊！
打開
——總之，
打開直接食用才是最基本的禮貌，
那麼…
我要開動了———
啊—

好好吃——!!
好好好好吃——!!
天啊——這是什麼!!
牛!!
充滿了牛肉的味道!!
濃厚的牛肉，一放入嘴巴裡就輕柔地融化了。
明明是醃牛肉，卻一點也不油膩!!
口感相當清爽!!
簡直就像是頂級的法式陶罐派一樣!!

看這美麗的切面…
只吃一口就有著吃下一頭牛的充實感…
吃完第一口、要吃第二口之前的口水…
真不愧是安心又安全的SMOKE HOUSE FINE…
實在驚人…
投射著光芒的油花，
閃耀著光亮的蜂蜜色，
在紅寶石色的牛肉映襯之下，
簡直就像是稀有的寶石一般…
真是款超適合情人節的禮物呢…
?
起身
打開
啪 啪 啪 啪 啪 啪 啪
噠—噠—噠—噠—噠—噠—噠

汆燙花椰菜，將高麗菜裝盤，小黃瓜切成半月型，再放上切成小段的芹菜，再擺上切成塊狀的番茄。將花椰菜與酪梨排得漂漂亮亮後，放上主角鹽醃牛肉。最後再將葡萄可愛地點綴其中。

嚼嚼……
咬咬……
咬咬……
……
這也很好吃!!
會讓人上癮啊!!
©3×3 EYES
真的！這樣搭配真是太好吃了!!
很驚人？
超驚人地好吃!!
醃牛肉的味道明明那麼強烈，
但搭配其他食材，
反而更能提點出食材的魅力。
雖然加了水果的沙拉感覺很雷，
但這種還真是好吃!!
好吃得停不下來♡
好好吃——♡
嘿嘿！
因為我老公喜歡吃有加水果的料理。
像是糖醋豬肉裡的鳳梨或是咖哩炒飯加葡萄乾之類的。
滿滿的花椰菜、
清脆的芹菜口感、
濃稠的酪梨……
最驚人的就是酸甜的葡萄與醃牛肉的搭配…!!
就像火腿哈密瓜一樣。
其實我一開始也跟你一樣…
啊！

……
這沙拉……
應該要讓你老公吃吃看才對吧？
……
可是…
叮咚——♪
哎呀？
叮咚——
叮咚 叮咚 叮咚 叮咚 叮咚 叮咚 叮咚——
你好？
蘭蘭羅！妳在裡頭嗎？

是我不對！
真的對不起!!
原來是蘭蘭羅啊…
這一位…
雖然我父母先幫我付清了，
但我之後會還給他們，
當然是從我的零用錢還。
可是…
我竟然欠下兩百萬，對不起。
對不起。
我…
我真的……
實在太沒用了，
真的…
雖然老是給妳添麻煩，
但我…
果然還是要跟妳…
啊！
蘭蘭羅！
嗪！

小雅！
不好意思突然跑來找你。
真的很謝謝你！
NEIBERHOOD也是！
我會再來的!!
砰噠！
啪噠
啪噠
啪噠
…

…真是的，
這就是所謂的暴風雨過後。
就是說啊～
來一個就這麼熱鬧了～
呵呵！
不過…
果然還是夫妻啊！

話說回來，你完全沒想過結婚嗎？
咦？我嗎——？
還真是吃了不少。
這個嘛…現在的我——
工作跟私事都亂七八糟，
也沒辦法想像跟其他人一起生活的樣子……
不過，如果有不錯的…
啊啊，是啊……至於我呢…
嗯…
想都不用想…
吧。
叮咚——
只是想說自己的事嘛！
喂？
啊——小雅？
對不起喔，我剛剛忘記說了。

我家媽媽呀——
在問說小雅有沒有意思相親——
她問怎麼樣，還說要LINE給她——
相親？
那是老公？
難道只是臉長得很老？
超讓人羨慕又尊敬的，
可是如果老公都這樣，
根本是團塊世代。
不過那講話方式
是怎樣？鬍子
要去相親？

order.15／END

宅配美食 *Information*

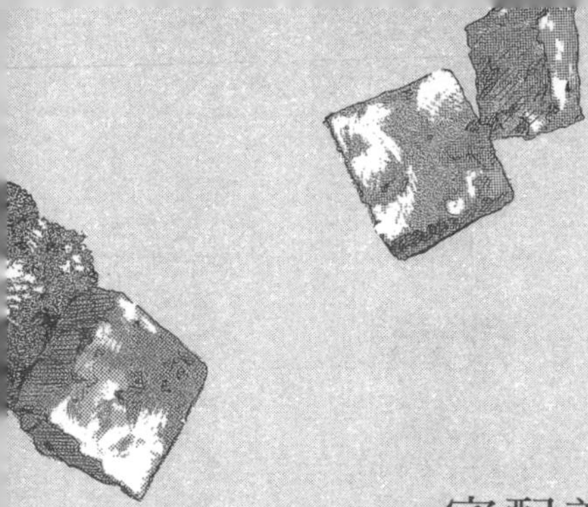

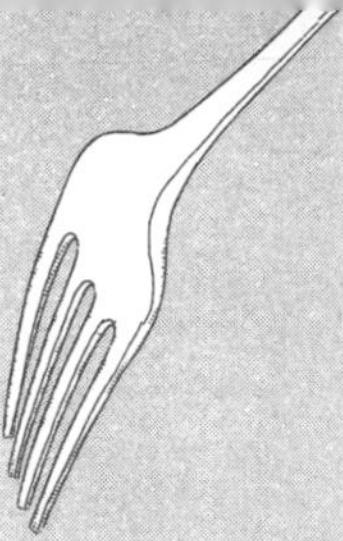

米澤牛鹽醃牛肉
[SMOKE HOUSE FINE]

[價格] 100g／日幣1,800圓
[保存期限] 冷凍90天

為了要讓米澤牛的濃醇與紅肉的味道更鮮明，將鹽漬後的大、小腿肉燉煮半天，再仔細拆散後重新成型。極度細緻的手工作業能將素材的美味昇華到最高，絲毫沒有任何添加物，溫潤的鹽味完成了這「究極的醃牛肉」。選用在山形養育的健康豬隻，100%使用安全又安心的日本國產豬肉做成的香腸、培根、火腿也很受歡迎。

⇒ http://www.e86.jp/

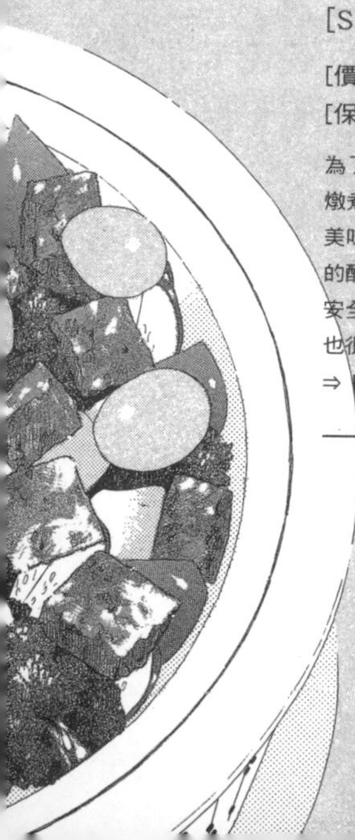

Sensei's
"Otori-yose"
★★★

網購美食宅幸福

order.16

櫻花飄飄 花生累累

「哎呀！我嚇了一大跳！真的完全沒想到！沒想到真的有那種人存在啊？」

中田老師面對著傾斜的工作桌說著。

「雖然聽說過這世上會有三個跟自己長得一樣的人，可是我完全沒想到竟然會有人**跟自己的角色長得一樣**呢！這就是所謂事實比漫畫更離奇的感覺？」

雖然話說得很快，但老師的嘴巴跟手都沒有停下動作，而且是非常高速……快速傳來的喀喀筆聲，讓在斜後方工作的我倍感壓力。啊啊！要是不快點完成這一頁的網點，下一頁又要來了……！

「當然啦，並不是跟漫畫裡長得一模一樣。**畢竟真人有三分一之的臉部面積都是眼睛的話，根本就是恐怖片吧？**我的意思是說，如果我的角色存在真實世界，肯定就是那種感覺……我之前有看過照片，但看過本人後，比我想像得還更像我家的孩子……好了，長谷川，麻煩這頁幫我完成囉！」

「是！」

唔哇哇，來了！

我改變了椅子的方向，收下了老師拿過來的原稿。雖然中田老師笑咪咪的，但黑眼圈非常嚴重。頭上綁的毛巾，正好在額頭的部分寫著**「睡了就是敗犬」**。究竟在哪裡買的……話說回來，我的黑眼圈應該也差不多才對……到底已經持續工作幾小時了呢……

「你們兩個臉色都很糟，要不要稍微休息一下？」

手上端著香味四溢的咖啡這麼說著的是，中田老師的鄰居，也是共同合作的小說家，更是我創作靈感的泉源，榎村遙華老師。順帶一提，我總是在心裡稱呼他為**「千千」**。啊啊，今天千千也是這麼帥又超級可愛……

「要是現在休息，讓集中力中斷就糟了。快點給我們咖啡！我需要咖啡因！」

「我現在就在沖了啊！竟然還要客人

泡咖啡……」

「不、不好意思，這本來應該是助手要做的事才對。」

當我轉頭道歉時，千千則露出相當紳士的笑容說：「不用客氣。」並稍微推了一下眼鏡。這動作實在讓人受不了。

「為了長谷川小姐就算是一、兩百杯咖啡也都……」

「誰喝得下那麼多，我只要一杯就好了快點啦！搞什麼嘛，突然自己選在截稿日前的修羅場跑過來。」

「好好好，知道了。喝咖啡吧！你的濃黑咖啡！」

雖然千千放馬克杯的動作有點粗魯，但他非常了解中田老師的喜好。**這如果不是愛，那什麼才是？（妄想）**

「妳的要加牛奶對吧？來。」

我說著「謝謝」接下了杯子，並開始仔細地看起千千。

啊啊，真的好喜歡……他的臉。光滑的蛋形臉。不知道是否因為工作的關係，皮膚白得有點不健康。看起來有些冷酷，其實眼神變化相當靈巧。高挺的鼻樑顯得清秀，再搭配上薄唇。而且，還超適合戴眼鏡……

「嗯？」

糟糕，因為太入迷不小心盯著看太久了。我趕緊說聲「不好意思！」並將椅子重新轉回面對工作桌。太危險了，要是被知道我腦袋裡都在想著該怎麼讓這張臉的表情扭曲，做出這種事或那種事就糟了。

要萌三次元的話，必須好好尊重及保護其對象。

「呃……」

千千稍微清了清喉嚨，拿著自己的咖啡站在中田老師後面一點的位置。

「真的那麼像嗎？那個……你的相親對象跟……你的角色。」

這、是！

來了！**忌妒（妄想）**來了！

我張大了耳朵，握著網點刀的手也不禁隨之用力。

正是如此！

中田老師去**相親**了。

聽說是親戚介紹的所以難以拒絕，大約在一週前去跟對方見了面。然後，千千好像非常對那相親在意得不得了。**不過，千千可是金屬細框眼鏡的精英屬性受，他怎麼可能會老實承認呢！（妄想）**

啊啊，太揪心了……！

「真的很像。靈活的汪汪大眼，輕盈豐滿的中長髮，手腳雖纖細，但胸部卻是波濤洶湧……」

「波、波濤洶湧？」

「波濤洶湧喔！」

「不是風平浪靜嗎？」

「怎麼會啊，就說是波濤洶湧了。」

「大概有多大……以數值來比喻，不對，就水果來說，**是哈密瓜還是西瓜或晚白柚……**」

當我還在思考晚白柚是什麼東西時，千千露出嚇了一跳的表情，看向我這邊。

——糟糕，忘了這裡還有個路人助手。我拚命隱藏的熱情心意要是被這種路人發現就糟了……

他心裡一定就是這麼想的吧？嗯嗯，我懂的！千千！那麼，我就稍微轉換一下話題吧！

「那個……老師，相親對象超過三十歲對不對？」

「嗯。我想一下，好像是三十二歲。不過長得很年輕，第一眼會讓人覺得才二十歲前半左右～啊，我都忘了我有照片啊，你們看。」

中田老師拿出來的不是常見的制式相親照片，而是普通的街拍。喔喔……的確看來很年輕，而且……

「真的耶！跟老師的角色很像……」

「對吧？來，乳乳也過來看一下照片吧？」

「我、我不用了。」

「少裝了，分明很想看吧！」

「我才沒有。」

唔！你們兩個竟然在那裡打情罵俏！我在心裡這麼大叫著，眼神卻默默守護。

沒想到，中田老師竟然突然拉住了千千的手腕，兩個人的臉距離超近……！

呀啊！不要啊！我的心臟快變成巴西里約熱內盧嘉年華的狀態了。

「還有啊……」

中田老師用比平常更低沉的聲音輕聲說。**只有這種時候才會改變音調，真是太棒了！幸福得好難受！**

「乳溝也非常深邃喔……雖然分量沒我的角色那麼豐滿，不過，畢竟是真人，那樣應該才是最好的大小吧？」

「……唔……」

「看吧，你的鼻子在噴血囉？」

「我才沒有！放開我！」

千千甩開了中田老師之後，**就像是在害怕自己內心萌芽危險又甜蜜的感情一般（妄想）**，往後退了幾步。可惡……簡直是可愛的犯罪！太下流了………！

「請問，你沒事吧……？」

我一邊拚命鎮壓我狂亂的萌魂，一邊開口問道。

「咦？」

「要是中田老師結婚了……榎村老師會很寂寞吧……」

「不，沒這回事。」

「可是，兩位感情真的很好……就連合作的企劃也都合作無間……」

「這是因為，畢竟是工作。」

「可是……可是，老師，人家不是常說嗎？戀愛關係或許是一時的，有可能會結婚或是離婚。可是，**只有友情是永遠的**……」

「不，我們的關係與其說是友情，不如說是合作夥伴。」

「工作。說得也是，身為創作者不僅

是敵手，也是同志……！一開始相處不來的兩人，互相補足各自欠缺的地方，一起達成相同目的。就是這樣，個性就是越相反越好。互看不順眼發展成相互協助，更孕育出友情，不知不覺中又轉變成了不同的感情，雖然深感困惑，卻還是無法對自己的心情說謊！」

「……喂，陰叔。**長谷川小姐的眼神不對勁喔**？讓她去休息一下比較好吧？」

千千竟然還會關心我這種路人角色，太神聖了……！當我內心充滿感激時，中田老師則是看向我，苦笑地說著：「也是喔！」

「腦子裡的想法還真是跑了不少出來呢！長谷川，妳去睡一下吧，我這一頁會花上不少時間。」

跑了不少出來……？這下糟了……我有點混亂地反省，回答了「是……」之後站起身，走起路來發現有點搖搖晃晃的，才知道原來自己已經快到極限了。

砰沙！

我倒進了中田老師為我準備的休息室沙發床。

在自己離開後，他們兩個會聊些什麼呢？這樣笑著妄想也不過幾秒——我立刻就像是墜落下去一般，深深地入眠了。

◈

中田去相親了。

這件事本身並不重要。只要榎村想要相親，隨時都可以。只是因為他身為孤高的小說家，才不這麼做。

重要的是他的對象。

跟中田畫的角色相似的女性……？

這算什麼？怎麼回事？

如果現實中真有這種存在，為什麼神不讓榎村跟那女性相親呢！（順帶一提，情報來源是REFRESH出版的小岩）。

榎村心想「這下需要詳細調查了」，便前往隔壁突擊，沒有想到正值修羅場的長谷川小姐也來了。清純又可愛的長谷川小姐最近已經逐漸成為榎村內心的綠洲。沒想到她被操到眼睛下方掛著大大的黑眼圈。**啊啊**，真是太可憐了……

至於相親對象，還不用榎村開口問，中田就自己說了出口。這是因為大腦受到截稿壓力影響，**產生去甲基腎上腺素**的緣故吧？中田甚至比平常還要更聒噪多話。

「那你打算怎麼辦？」

在因過度疲勞而胡言亂語的長谷川小姐進房間睡覺後，榎村又開口詢問。

「你要跟相親對象正式交往嗎？」

「**啊**——」中田用筆桿底部搔了搔眉頭後說：「可能再跟她見幾次面吧？」

「……**嘖**……」

「你這嘖嘖聲會不會太大聲了？」

「看來你也很自戀嘛！就這麼喜歡跟

自己筆下角色相似的女人嗎？」
「跟外表沒什麼關係。而且人家啊，不是在作品中投射自己的萌點，而是察覺讀者想要什麼而創作的人。」
中田本身的確並不喜歡巨乳美少女。
那麼，為什麼會覺得相親對象不錯？
「她完完全全不懂漫畫這點，我覺得很好。」
據說是這樣。
「跟朋友一起聊漫畫雖然很愉快，但要是每天會見面的人，總覺得最好還不太了解的人……」
「**『這一期的線是不是有點亂啊？』**應該不會有人想被這麼說吧？」
「啊啊！沒錯，正是這點！」
雖然會稍微扭動身軀，但中田絕不會放下畫筆。
「我如果聽到身邊的人說出那種話，一定會大受打擊……」
榎村可以理解這心情。被一起同居的人批評的確很難受。畢竟社會已經會給相當多批評了，至少希望家人可以全面支持自己。
「所以，我才會覺得對漫畫沒興趣的人比較好。她是在女性內衣的企業工作，我們那天聊了內褲的可愛設計，聊得十分開心。她感覺有點文靜，但很喜歡工作，結婚後也想要繼續上班……」
原來如此，這點也非常重要。現在受歡迎的漫畫家，不代表明年還會繼續受歡迎。這就是自由工作者的宿命，才會希望向另一半尋求安定。不過，最近就連上班族都算不上安定的工作了……但至少還是比漫畫家或小說家好吧。**畢竟這邊可是連失業補助都沒有。**
「未來的事情還說不定。總之，我們先約了等櫻花開了之後就去賞花。」
「喔——」
——以上，是三天前的事。
……等櫻花盛開，這麼說來還有半個月左右。
在寧靜的春天午後，榎村什麼事都沒做，只是呆呆地坐在書齋的桌前想像。
中田結婚後，隔壁房間有著與中田角色相似的中田妻子，只要榎村一去拜訪，就會穿著裸體圍裙端上咖啡……先等等！
為什麼會是**裸體圍裙**。雖然想像是個人自由，但這也太暴走了。而且，等中田結婚後，榎村應該也不會那麼常過去拜訪了。不是會打擾新婚夫妻嗎？別看榎村這個樣子，他還是有常識的。
……沒錯，就連網購美食也是。
中田就再也沒有必要跟榎村分享了。
只有這點會有些不便。
但實在算不上什麼問題。
他對天發誓，一點也不寂寞。
如果那個只有體型高大但個性陰柔的大叔能結婚，的確是件好事。沒錯，準備**結婚禮物**吧！既巨大又擋路，可是因為價格不菲所以無法輕易丟棄的裝飾品……一百五十公分的**魚尾獅**好像不錯。
網路有賣嗎？要是沒有就得提早訂購了。哼哼哼，肯定很擋路吧？畢竟這間公寓也沒多寬敞。
……啊。
榎村突然發現。
要是中田結婚了，或許會搬離這裡。可能會搬去更大的公寓，或一整棟的透天別墅……畢竟他更沒有理由，必須一直留在這裡。
「……來吃冷凍的肉包吧！」
會覺得心裡一陣寒冷，一定是因為肚子餓了。榎村自己在心裡下了結論之後，便從椅子上站了起來。電話剛好在那時突然響了。
『您、您好，我是中田老師的助手長谷川。』
沒想到，竟然是長谷川小姐打來的電話。榎村還差一點就要發出**「呀♪」**的叫聲了，但畢竟年紀大有經驗……
「妳好，原來是妳啊。」
他裝出了冷靜的聲音，分明沒有人在看，卻還是將手插到腰上耍帥。
長谷川小姐好像人在外頭，打電話來問榎村能否在下午六點前到那裡……似乎是東京都內的辦公大樓……與她會合。
『我在這棟大樓的咖啡店裡打工……五點就可以下班了……』
這難道……是**傳說中的約會**？
榎村忍不住拉了拉自己的耳朵，確認痛覺。結果還滿痛的，看來似乎不是一場夢。哎呀，傷腦筋，真傷腦筋。最近的年輕女性還真積極。榎村原本還想到時機更成熟點再行動……不過，他還是帶著傻笑立刻答應了邀約。
之後回想，這時候長谷川小姐的聲音好像就不太對勁了——但開心的榎村絲毫沒有發覺。
之後。
「目標，從兩點鐘方向接近中。」
或許是打算變裝吧？長谷川小姐戴著大大的口罩，從底下傳出低悶的聲音。
「目標的服裝是黑色套裝，下半身為緊身裙，飾品全都是霧面的金飾，腳著尖頭跟鞋，背著大包包，綁著馬尾……」
「了、了解。」
榎村坐在咖啡桌對面點了點頭，臉上戴著長谷川準備的口罩。榎村所坐的位置看不到目標……也就是**觀察對象**。
「目標身旁伴隨著年輕男女各一名。進入咖啡後……於九點鐘方向坐下。」
隨著語音落下，長谷川小姐的聲音也壓得更低。接著，還悄悄地移動自己坐的椅子，讓榎村的視野變得豁然開闊。這麼一來，榎村也可以清楚看到進入咖啡店的三人組。
——請幫幫我。
不久前，長谷川小姐這麼拜託榎村。
——希望您能幫我**祕密調查**，為了中田老師……！

看著她迫切的表情，榎村才終於恍然大悟；他總算知道，這不是約會。榎村還傻傻地花了三十分鐘思考怎麼穿才不會太浮誇。

但話說回來，祕密調查？看著榎村不太了解意思地歪著頭，長谷川小姐又繼續說了下去。

——我是昨天才發現，中田老師的相親對象……呃……也就是早乙女小姐，她在這棟辦公大樓工作，而且，還時常會光臨我打工的這間咖啡店。

真是巧遇。

不過，這棟辦公大樓裡頭也有數十間公司，也會有這種巧合出現吧？

——今天午休時，她也來買了外帶的拿鐵……我那時候正好聽到她與公司後輩聊天，結果就……實在坐也坐不住……！

據說，那之後她就立刻打電話聯絡了榎村。長谷川小姐究竟聽了什麼對話也是個問題，但她非常認真地繼續說了。

——她說傍晚也會來休息，應該很快就要到了。這麼一來，我想您也應該可以了解。

於是，榎村就為了觀察早乙女小姐先占了絕佳的位置……

「……可惡，誰快把那fuc●ing**行銷室長**處理一下啊！」

……嗯？怎麼會突然聽到需要消音的字……？

「真希望他不要再一副自以為清楚的態度來對我們指手畫腳，**那傢伙難道有穿過胸罩嗎？**」

胸罩？這麼說來，好像聽說她在女性內衣公司工作……

「他的想法都太老氣了。他根本還活在泡沫時期**嘛！既然這麼喜歡泡沫時期，怎麼不去把那沒幾根毛的頭髮燙成玉米鬚再回來啊！**」

看來她似乎因為工作而非常生氣的樣子。榎村裝成在滑手機的樣子，一邊偷聽&觀察。

嬌小又外表很年輕的可愛日本女性……黑白色調的衣服與尖頭跟鞋都抵銷她與生俱來的這些特性。大方露出額頭的髮型，也跟榎村之前看到的照片展現出了截然不同的氣質。再來是胸部……胸部，嗯，**恰到好處的大小**。

「早乙女小姐也很辛苦呢！」

看來像是後輩的短髮女性，感嘆地口應著。

「畢竟企劃部怎麼樣都會被行銷卡得死死的……這麼一來，我們也會不好做事……」

「抱歉，內容這樣拖拖拉拉的，會讓設計部很難做事吧……我明天一定會說服那個老狸貓，這次的新品一定要走有機路線。」

「那個……我覺得應該也要採納行銷的意見……」

三個人之中看起來最年輕，目測大約

二十五歲左右的男性這麼說道。

「不管做出了多棒的商品，到最後要負責販售的還是行銷……如果企劃跟行銷對立的話，對我們公司來說應該很不好吧……」

「島，你在說什麼？」

早乙女小姐瞪了一眼，年輕的島先生便乖乖閉上嘴巴。她明明長得那麼可愛，瞪起人來卻**超級可怕**。不，應該說落差太大才更人覺得害怕。

「無論行銷多麼優秀，要是商品本身沒有價值，就算賣了也無法長久。我們家的商品要讓女性直接穿在身上，只要半天就能了解品質的好壞。要是有人在ＳＮＳ抱怨，只要一瞬間，銷售數字就會下降了喔？」

「這我知道。可是，該怎麼說呢……要是在會議上那樣爭執，行銷部肯定又會將早乙女小姐當成眼中釘吧？是不是要更和平一點……」

「什麼？」

早乙女小姐將拿鐵放在桌上，翹起的腿也換了個方向。直盯盯地看向後輩……或許應該是說部下的島先生。

「和平？你的壞習慣就是總想在公司感情融洽地玩家家酒！」

「我沒有那個意思……」

「根本就有。島，你對其他同事總是笑咪咪又很親切，四處在意別人的反應，不斷累積壓力。醜話說在前面，**要是以為公司的氣氛好業績就能上升，那可是大錯特錯**。」

聽了這番話，島不禁低下了頭。

還真是嚴厲……雖然榎村不了解島的個性，但一般來說，日本男性並不習慣被女性責罵。或許是傷到了他的自尊，島的兩耳都紅了起來。

長谷川小姐小聲地說：

「我也有在網路上看過他們商品……設計很可愛，可是輔助能力很強……也就是說……」

聽了這番話，榎村也懂了。**原來是可以集中、托高、豐胸的那種內衣啊！**就榎村來說，他完全沒有要否定輔助能力高的內衣。**無論要看起來大或小，都是本人的自由。**雖然他比較喜歡前者。

「可是，新商品是想強調穿上去時的溫和觸感跟舒適度，但卻一直沒有辦法順利通過……最近這幾天的對話，都是這種感覺。」

「原來如此……」

被罵慘的島露出一副消沉的樣子，另一位女性則忙著安慰他。但早乙女小姐卻沒有說出任何一句安慰的話，可以看出她在工作上是相當嚴格的人。無論怎麼看，都不是位甜美可愛的女性。等到他們終於喝完了拿鐵，還以為要就此解散回家時，卻聽到「好！九點前要改好企劃書喔！」三個人又再次回到了辦公室。

「……看吧？真的很像詐欺吧？」

三人離開之後，長谷川小姐則噘起嘴這麼說著。這表情真可愛……

「跟從中田老師那裡聽到的印象完全不同！剛才幾乎都在講公事，但中午的時候，他們還說了更誇張的事喔。」

「誇張的事？」

「那位女生部下問：『對了，早乙女小姐妳不是去相親嗎？』結果……」

——對啊，我去相親了。當個經驗。穿著我們公司最有豐胸效果的內衣去了之後，果然對方一直盯著看呢！啊哈哈！

——那款內衣的別名可是『**乳溝製造機**』嘛！對方是漫畫家對吧？怎麼樣？

——嗯。我覺得可以。

——可以嗎？

——原本我以為對方是個只會宅在家裡，除了畫漫畫外什麼都不會的人，結果本人不僅滿會打扮，給人的感覺也不錯，也都會做家事。因為我實在太忙了，根本沒空作家事，如果對方在家工作，應該就會幫忙做家事吧？

「……她竟然這麼說！」

長谷川小姐整個人都非常憤慨。

「我都想當場大叫說『妳這傢伙！太單純了！』的確，中田老師是會做家事的人，但在截稿日之前就完全不同了。別說是家事了，就連洗澡的時間都沒有！……榎村老師！要是不把這些事實都告訴中田老師，這麼下去說不定中田老師就會被矇騙甚至結婚……」

「哈哈哈！這樣應該也很有趣吧？」

「您可以不用這麼勉強自己啊……？榎村老師心裡應該也不希望中田老師結婚吧……」

不知道是為什麼，長谷川小姐**相當專注地望著**榎村，熱切地說道。被搶先一步的確是多少有點不甘心……而且她的胸部似乎是用乳溝製造機營造出來的效果……不對，先別管這個了。

「不過，無論是誰，都不會向相親對象暴露出全部的自己。再見過幾次面後，那傢伙應該也會發現吧？要是沒有發現，就代表他真的是笨蛋。」

「榎村老師……這實在……」

「而且，剛剛那位早乙女小姐也不是什麼壞人吧？」

「咦？」

「感覺是個相當專注在工作上的人。雖然相當嚴厲，但對工作的態度和說的話也都很有道理。我想他應該也不會討厭這種女性。」

畢竟他超被虐的嘛……

這句話，榎村就留在自己心裡了。

「要是他們結婚，說不定會過得滿順利的。」

「榎村老師……」

長谷川小姐的眼睛莫名溼潤了起來。

「您真的是深深地了解中田老師……

而且，還打從心裡希望他能過得幸福……就算自己會覺得難受……我實在是太膚淺了。我太誤解兩個人的愛……不對，是兩位的友情了。說得也是，如果真的很重視對方，希望對方過得幸福……**就算是自己會因此走上荊棘之路……！**」

荊棘？

不，榎村根本就沒打算走上這種道路……嗯？難道？說不定……長谷川小姐講的是自己的心聲。這也代表，**長谷川小姐喜歡中田……**？先等一下，她應該是榎村的粉絲才對，中田也證實了這一點，而且從長谷川小姐的態度也看得出來。不過，人家不是說**女人心就像是秋日的天空**嗎？難道是因為在中田身邊工作，讓她的內心也產生了變化……？

「呃……那個……長谷川小姐，妳還好吧？」

榎村輕輕碰了長谷川的肩膀，溫柔地問道。

「我不重要……榎村老師你還好嗎？**（心愛的中田老師也結婚了，真的好嗎？）**」

「我沒事。妳才是……**（陰叔結婚的話會很傷心吧？）**」

「榎村老師……**（兩人的友情已超越愛情了啊……）**」

「長谷川小姐……**（沒有關係。我相信，總有一天妳的心會回到我的身上……）**」

互相凝視並緊緊握住手的兩個人，或許會被誤會成一對情侶吧？

不過，這世界可沒有這麼單純。

◈

櫻花開了。

既然花開了就要賞花。應該再也沒有會比日本人，更認為不賞花就是對櫻花失禮的民族了吧？中田是這麼想的。

也就是說，**有機會能夠暫時離開工作也很重要。**

像漫畫家這種一整年幾乎都窩在家裡工作的人，春夏秋冬四季總是在轉眼間就流逝了。感覺就像是過年後就立刻到了聖誕節一樣飛快。為了避免產生這種情況，中田只要能參與的季節活動，都會想盡量參與。幸好，附近公園正好是個隱密的賞花景點。

「謝謝你今天邀請我過來賞花。」

在枝葉茂密的櫻花樹下，早乙女小姐優雅地坐在野餐墊上說道。

「不用那麼客氣，我才要謝謝妳願意過來。真的只有我們幾個好朋友聚在一起賞花而已，請好好放鬆吧！這位耍帥的眼鏡男是住在我隔壁房間的乳……不對，乳迷……不對，**你的名字是什麼？**」

「榎村！」

「啊哈哈！對喔，我都忘了。他是情色小說家榎村遙華老師。」

「有必要加上『情色』兩個字嗎……咳咳，我是榎村。請多指教。」

「也請你多多指教。我記得你跟中田先生有合作工作對吧？」

「是的，沒錯……」

「早乙女小姐，這人很會裝模作樣，但只要一興奮就會講津輕腔，很有趣喔！這邊的女生是我的優秀助手，長谷川。」

「請……請多指教……」

「長谷川小姐，請多多指教。」

早乙女小姐露出了如今天的天氣一般溫和又甜美笑容。往內捲的中長髮盤起了一半，身上的衣服則是淡黃色洋裝配上白色針織衫，充滿了治癒感。

大家一起乾杯後，中田就拿出了自己做的大量**炸雞**。雖然過度食用油炸物可謂美容的大敵，但只有在這種時候可以解禁。長谷川則是帶來了**加了豌豆的飯糰**，榎村是從DEAN&DELUCA買來的**沙拉跟便菜**。接著……

「不好意思……我準備的是這種簡單的東西。」

早乙女小姐十分客氣地拿出三明治。榎村探頭看了一看，開口問：「這是什麼三明治？」

「PB&J。」

看到大家不解的樣子，早乙女小姐則微笑著補充：

「Peanut Butter & Jelly……**就是花生醬加果醬的三明治。**」

什麼？

花生醬跟……果醬？

這不就是**超甜×超甜的組合**……毫無弱點的甜度，簡直讓人無處可逃……中田忍不住與榎村乳乳對上了眼，不意外地，榎村也露出了複雜的表情。

「果然還是太冷門了啊？這是美國很常見的輕食……」

早乙女小姐壓低了聲調，中田便慌慌張張安慰：「我第一次聽說耶！好有趣，真有美國的感覺。」而榎村則是一臉認真抱起手臂，沉思著：

「畢竟美國的人，似乎很喜歡花生醬嘛……」

「光是花生醬就已經有很高的甜分跟卡路里了，竟然還加上果醬……真不愧是**糖尿病大國**……」

「喂！榎村老師！」

正當中田要開口責備榎村的負面發言時，早乙女小姐卻先貼心地回道：「就是說啊，呵呵，還是得稍微考慮一下健康呢！」**真有大人風範……**

原本還以為考慮到早乙女小姐的外貌（主要是胸部），榎村態度應該會更討好點，沒想到卻跟平常差不多。反而是時不時在注意長谷川……這樣也是很可憐啦，中田不禁在心裡同情了起來。

「小時候因為父親調職，我曾在美國

トラネコ
宅配便

住了幾年。先不管營養成分，對我來說是種很懷念的味道。」

「我也很在意是什麼味道——好了，大家吃吧！那我就先吃這三明治。」

中田先拿了一份三明治，榎村與長谷川也跟著個拿了一份在手裡。

三明治外表……老實說，**相當普通**。

三明治並不是選用雪白柔嫩的吐司，內餡也只有花生醬跟果醬稍微露了一點出來，可說是沒有什麼特別的亮點。即便上傳到ＳＮＳ，也難以得到幾個讚。

不過，這麼老實反而令人欣賞。

在這種時候，分明還有很多方法可以選擇，像是請別人做或是把買來的東西裝成是自己做的等等……不過，早乙女小姐卻沒有這麼做，而是帶了這種樸實簡單的三明治。這樣子的態度，更是讓中田充滿了好感。

開動了，三個人分別咬了一口自己的三明治。

「嗯！」

「嗯？」

「嗯——」

「……請問，味道如何呢……？」

三個人看著緊張地詢問的早乙女小姐後，同時說道：

「「「**比想像中的還要不甜耶！**」」」

「這個……裡面的花生醬，好像跟我以前吃的不太一樣。之前吃倒的是要更甜、更符合小孩子口味的感覺……」

聽到長谷川這麼說道，早乙女小姐則說：

「妳說的是不是花生奶油呢？」

咦？

花生醬跟花生奶油是不同東西嗎？

「花生醬是基本上只用花生做成基底後，再加上鹽或砂糖等調味的果醬。在這種花生醬裡加入麥芽糖、奶油或可可粉，做成更容易塗抹的口感，這種則稱為花生奶油。」

「原來如此……所以這種花生醬味道才**這麼濃醇**啊……」

榎村喃喃說道。

「而且**味道好香**。裡面**顆粒也很酥脆**，非常好吃。」

「哇！感謝稱讚！幸好我特地選了有顆粒的花生醬。」

「果醬是草莓口味嗎？」

面對榎村的詢問，早乙女小姐則搖了搖了那頭捲得飄逸的頭髮，「是覆盆子果醬。」

「美國比較常用葡萄果醬，但是我特別喜歡覆盆子的酸味……而且**花生醬的顆粒跟覆盆子的種子結合在一起，產生了一體感**，覺得搭配起來應該很有趣。」

「啊！真的耶，這兩種不同的顆粒，吃起來的感覺很輕快。」

中田大口吃著三明治，也跟著點頭。

真是種甜蜜又有趣的三明治，小孩子一定會很開心。

「麵包是全麥吐司吧？不用白吐司有什麼特別理由嗎？」

「這算是我個人的喜好……白吐司也很好吃，但我比較喜歡不會過於鬆軟的全麥吐司或是胚芽吐司……我還有稍微烤了一下。」

真的耶！長谷川則再次仔細地看了看三明治。

「因為是很家常的點心，並沒有特別規定的作法。我會先將薄片胚芽吐司稍微烤一下，兩片吐司都塗上花生醬後，再於其中一片疊上果醬。要是直接塗上果醬，吐司不是會變得溼軟嗎？所以我才會先塗花生醬，當成緩衝的感覺。」

「原來如此~我會想要**在這裡頭夾香蕉**呢！」

「啊！這樣一定很好吃！」

「要是再擠上**鮮奶油**……就卡路里來說，可就變成了**相當危險的三明治**呢。」

微笑聽著中田聊天的早乙女小姐突然開口，「那個……」並正起了臉色。

「現在機會正好，我就老實說了……其實我**完全不會做料理**。光是要做出這份三明治，就已經把廚房弄得天翻地覆了。啊哈哈！」

說完之後，早乙女小姐就不好意思地笑了起來。只要一笑，眼睛末端就會稍微擠出了皺紋，讓人感覺到她真的已經過了三十歲。即便如此，她的笑容還是相當地自然。

「因為工作很忙，連煮飯的時間都沒有……我也很久沒像今天這樣能悠閒休息了。在外頭吃飯真的很舒服呢！」

「就是說啊！幸好今天是晴天呢……等等，乳乳！你在做什麼啊？**為什麼要把三明治的麵包翻起來啊**？就算是色胚也該有點限度吧？」

「誰是色胚啊？**我只是想研究裡頭的花生醬**而已。」

「你幹嘛研究啊？」

「因為這個花生醬**真的很好吃**啊。老實說，這份三明治我覺得不過就是能當成聊天材料的程度罷了。」

「喂！你也太老實了吧！」

「沒有啦，別這麼說。」

「我才不是在稱讚！」

「總之，我覺得這個花生醬真的超好吃。風味與口感都大幅超越了我至今吃過的花生醬……啊！我今天可以說是遇見了全新的花生醬。**嶄新的命運大門隨著開場音樂響起而敞開，一掃我記憶中的花生醬定義，就此展開朝著全新美味地平線前進的旅程……！**」

「好了好了，乳乳，要演榎村劇場就回家再演吧！」

早乙女小姐微笑地看著中田與榎村的對話，「他們兩個平常都是這樣子嗎？」

開口問了長谷川。

「是的！**他們感情真的很好**。」

長谷川則是過度認真地回覆。

「也是，一看就知道了。他們這種不須客氣的感覺，真讓人羨慕。啊，對了。榎村先生，其實我今天有帶這種花生醬過來。之前我自己網購了一些，想說這次正好帶來分給大家……」

「「網購!!」」

中田與榎村大聲地合唱回應。早乙女小姐不禁瞪大了眼睛，這次似乎真的是忍不住了，直接笑了出聲。

「真是的，中田先生跟榎村先生真是太有趣了。兩位又不是搞笑藝人！」

搞笑藝人……大概就像是**乳乳&陰陰**的感覺……兩人輕而易舉地就能想像出自己站在直立式麥克風前的樣子。中田應該是負責吐嘈的角色吧？**「你啊！真的很喜歡胸部耶！」**大概會這麼說吧，還會搭配著關西腔。

「呃、那個、聽到網購就忍不住……對吧？乳迷叔。」

「對、對啊！不好意思，都這年紀了還這麼沒分寸。不過，那花生醬是……」

「就是這個。」早乙女拿出三個瓶子後，一一分送給大家。

「蓋子好可愛……」

長谷川小聲說著。黑色的蓋子上畫著落花生的圖案。整體設計相當簡約，充滿成熟的大人風格。

「我最近都在吃這裡的花生醬。有分含顆粒跟無顆粒的，我是**含顆粒派**的。」

「我**完全同意**妳的主張。那麼我就收下了……」

榎村深深點了點頭，一副想要當場打開的樣子。喂！現在？在這裡？即使心裡這麼想，中田還是探頭看向了榎村打開的花生醬。

「喔喔……**顏色好濃喔**……」

「上面寫著，只使用了千葉縣產的花生、甜菜糖，還有鹽。」

「真不愧是千葉縣啊！**落花生王國**。而且，東京〇士尼也是座落於千葉縣嘛！」

「東京德國村也是在千葉縣啊。**千葉縣民，包容度真是太寬大了**。總之，花生就是要吃千葉縣產的！我來嘗嘗看！」

榎村拿了一個小湯匙鏟進了瓶子裡。這傢伙，打算直接吃嗎？

「嗯嗯嗯！」

「怎麼了？乳乳！果然還是太甜太油了嗎？」

「跟、跟我想像的一樣濃醇，但卻沒有預想的那麼甜！不過，當然也不是完全沒有甜味啦，而是維持了一種**絕妙的糖度**……！」

「喔喔！」

「而且這什麼口感？酥酥脆脆！比夾

在三明治裡的時候還要**如實呈現的酥脆感！**不是硬邦邦的口感，而是恰到好處的酥脆……！」

「你說什麼？我吃吃看！」

中田也忍不住挖了一口放進嘴裡。

「哎呀，真的好脆喔！」

「你這傢伙！幹嘛不吃自己的！」

「這香味怎麼會這麼迷人！」

比起塗在三明治裡，更能體會到這罐花生醬的優良品質。看著中田一臉感動的樣子，早乙女小姐則開口說明了。

「聽說花生最重要的就是焙煎，這廠商……HAPPY NUTS DAY也有直接銷售烤花生喔！」

「這代表他們對於**自己的原料很有自信**。這種甜度感覺也能拿來當成調味料呢。」

「說得沒錯！中田先生，其實**只要將美乃滋混入這種花生醬裡，就能成為非常美味的蔬菜沾醬！**做外國料理時如果需要花生醬也很適合喔！比方說加到春卷裡頭，真的超好吃！」

「感覺有很多用途呢～以前買花生醬時，就算只買一瓶也很容易用不完……但**這感覺很快就會用光了……**」

「不過……」

雖然中田打算再吃一匙，榎村卻立刻將蓋子鎖了起來。小氣鬼。

「我想先將這花生醬塗在吐司上吃，**想塗得厚厚一層，厚得會讓人充滿罪惡感**。只要一想像吐司的酥鬆感再加上花生醬的酥脆感……光、光是這樣就想是正身處**千葉花生田與蝴蝶嬉戲一樣……！**」

「雖然最後那句我不是很懂，但的確會想塗在吐司上吃呢！」

「那個……可是，如果是跟果醬一起吃的話，酸味與甜味混合交錯也很美味喔……？」

糟糕！竟然讓長谷川負責圓場了——沒錯，現在應該要先稱讚早乙女小姐的三明治才對……

「呵呵，謝謝妳這麼細心。不過沒關係的，我會喜歡這種三明治，應該是因為這味道有著我小時候的回憶吧？」

「早乙女小姐……」

「沒錯，無論是認知味覺或負責記憶的都是腦。對早乙女小姐來說，這種三明治正是**鄉愁**的味道。但對於我來說，則不需要果醬。」

看著這麼直接大方說著的榎村，中田則是「你這個人真的是……」一臉沒辦法的樣子。

「不是說只要老實就沒事了。」

「說什麼傻話。當然是老實最好啊！就算只是不怎麼樣的小謊……要是長久下去，無論是自己或是其他人，最後都會變得疲勞不堪。」

「怎麼回事？怎麼突然說這種話？」

面對中田的質問，榎村只回了：「沒什麼。」不過，早乙女小姐則突然開口。

「……沒錯，還是誠實比較好。」

她露出了苦笑，看著中田這麼說道。

「早乙女小姐？」

「中田先生，對不起。其實我欺騙了你。」

「欺騙……？」

「關於我的經歷方面沒有任何謊言。只是，關於個性方面……**我為了要受男性歡迎，做了很多偽裝**。其實，我根本就不是這種甜美可愛的女性……妳應該已經知道了吧？」

被早乙女這麼一問，長谷川不禁僵直了身體。咦？什麼？

「咦……那、那個……」

「妳是我常跟部下去的那間咖啡店的店員對吧？呵呵，其實我很擅長記人臉。立刻就發現了。」

「不、不、不好意思……」

「不用道歉。還有，榎村先生也有去那間咖啡店對吧？」

這次輪到榎村僵直了身體。

啊？你們兩個，到底在幹嘛啊？

「因為這樣，我想你們應該很清楚我是怎麼樣的人。**我很熱愛工作**，幾乎不會做家事，應該是說，沒有想要做家事的意思……不，更正確的說法是，**『為什麼我就非得做不可？』**因為我真的不會做家事，不過，卻很擅長工作喔！」

「喔、喔……」

「雖然與能接受我這種個性的人結婚是最好的選擇……但總是會被疏遠。所以我便決定利用我與生俱來的外貌。還有，這裡也是**偽裝**。用了我們公司的商品灌了不少水。」

早乙女小姐大方地指著自己的胸部說道。既然本人都這麼說了，中田也回說：

「這個我知道。」

「咦？被發現了嗎？」

「唉……畢竟我是**靠畫巨乳吃飯的人**嘛！」

「唔，看來果然是不可以小看陰叔啊……」

先不管插話進來的榎村吧！

早乙女小姐則是**「嘿咻」**一聲，從原本正坐的姿勢換成舒服的樣子。

「不知道是不是曾在外國生活，還是我原本就這種個性，我說話真的有點……應該說是非常嚴厲。可能因為身材嬌小又長得年輕、或很容易被看不起的關係吧？結果我現在成了**公司裡最可怕的女上司**。不時還會罵哭部下，而且大多都是男性。哈哈哈！」

「不過，既然妳有部下，應該是很受到公司信賴吧？」

「因為我能賣出漂亮的數字啊！」

字裡行間都充滿了自信。之前甜美柔和的印象已經全部消失了，眼前是位腳踏實地努力工作的女性。

「簡單地說，我就是一個將工作擺在

最優先，不適合結婚的女性。不好意思，我騙了你。」

「早乙女小姐……」

「之前我問了後輩，才終於知道中田先生是多麼受到歡迎又忙碌的漫畫家……於是，我也深深反省了自己當初過於自私的想法。浪費了你這麼珍貴的時間，真的非常抱歉。」

早乙女又恢復正座，並低下頭道歉。

這下子就連榎村也不禁一陣沉默，長谷川也一臉迷惑的樣子。

「那麼，請您今後也要繼續畫出精彩的作品。」

早乙女小姐一臉開朗地笑著說著，也俐落地折著之前包著三明治的餐巾。似乎是打算回家了。

這樣好嗎？

就這樣當成從來沒相親過的樣子……真的好嗎？

的確早乙女小姐裝出了一副甜美可愛的樣子，打算欺騙中田。可是總有一天，這種偽裝一定會被拆穿。說穿了，中田根本不喜歡甜美可愛的女生。**最重要的是價值觀**才對。

對於人生的想法。

對於公司的想法。

中田很喜歡工作，應該也很希望對方能理解這樣的自己。這麼一來，他的結婚對象，應該也要是喜歡工作的人才行。

「今天真的很開心。謝謝你……」

「請等一下。」

中田抓住了準備站起身的早乙女小姐手腕，制止了她。中田的手很大，更讓人感覺早乙女小姐的手腕非常纖細。

「就算是將工作放在第一的女性，不也很好嗎？」

「中田先生……？」

「家事也不是非得由女性來做才行，應該是說，要是不再快點**擺脫這種詛咒**，**這個國家就沒有未來了！**而且要是認真工作的話，個性當然多少會得尖銳嚴格。責罵部下也是理所當然的，因為部下就是這樣學會工作的啊！」

「中田先生……你可以理解我的想法嗎……？」

「妳現在這樣，就已經是非常棒的人了！」

「我好高興……！能聽到你這麼說，我又重新對自己有了自信。」

早乙女小姐也用力地回握的中田的手。那雙大眼也閃閃發著光。啊啊，就連這種地方也跟中田的角色這麼相似。中田筆下的少女們，無論身處多麼難受的苦難中，也絕不會失去眼裡的光芒。**中田在作品中最堅持的，就是角色們的眼睛。**

這個人，也有著一樣的眼神。

無論美少女或是甜美溫柔的女性，都已經無所謂了。如果是與有著這種眼神的女性，應該能有場足以保證未來的良好關係吧……

「我心中充滿勇氣了！我打算要結婚！」

咦？好快！

雖然擅長工作的人決斷能力也很高，但還是繼續稍微交往一段時間比較好吧？不過兩個人都不年輕了，早點結婚應該比較好吧？難不成等等就去買結婚雜誌？還是直接去找場地？

早乙女小姐閃亮的眼睛直盯盯著看著陷入混亂的中田。

該、該怎麼辦。

中田忍不住望向榎村。啊，嘴巴張得好大。**整張嘴都張開了**，下巴好像快要掉下去了。喔喔，長谷川也是……

「如果覺得我現在這樣也很好……就跟我結婚吧！」

早乙女小姐這麼大叫著，正當中田的腦內追不上眼前驚人的發展，幾乎要反射性地回答「好」時……

「我知道你人在那裡！快點給我出來！」

她又再次大叫了。

但是，早乙女小姐的視線並不是看向中田，而是朝向一個毫無相關的地點……一處稍遠的櫻花樹下。

接著，一位青年則畏畏縮縮地從樹幹後方出現。

「啊！」

榎村叫了出聲，似乎是他認識的臉。

早乙女小姐則是爽快地放開了中田的手後站起身來，就連鞋子也不穿，光著腳便直接大步走向青年。

「……島，我說你啊！竟然跟著我到這種地方來！」

「不、不好意思……」

「我不是說了會好好拒絕相親的對象嗎？」

「噫啊！可是我還是很擔心！」

「『等我可以獨當一面的時候就結婚吧！』是什麼意思啊！少開玩笑了！**我已經不年輕了，是要我等到什麼時候！**就算你不能獨當一面，但我可以做出比一個人更好的成果！這樣不就好了嗎？沒問題了吧！**所以，就跟我結婚、吧……**」

口氣雖然十分強硬，但最後聲音還是往上揚了。

那個叫做島的男性眼睛充滿了水光。

兩個人深情地對望。

咦——

怎麼回事？

這種被丟下的感覺實在太強烈了。

「他是那時候在場的部下吧？」

「對啊，那個被罵的人。」

榎村跟長谷川低聲說著。

「才二十四、五吧？好年輕！」

「他真的很喜歡早乙女小姐呢！聽到她要跟相親對方去賞花約會，肯定站也不是坐也不是吧……」

「嗯。看來，她也喜歡他。」

在櫻花樹下擁抱的男女。

簡直就像是畫一般，最美的高潮——

如果是漫畫，**肯定會畫成跨頁。**

「喂——陰叔丸。你還活著嗎？」

「……有一半死了……」

「我想也是啦~**畢竟是在剛喜歡上對方的瞬間**，就被甩了嘛~哎呀，真的很有趣。實在個很棒的發展。我很想寫入作品裡。」

「版稅分2%給我……」

「一毛錢也不會給你。不過，我會在作品開頭寫著『**獻給鄰居，陰叔丸**』。」

「嗚哇——我才不想被寫進去……」

中田的身體不支地搖了一下。

「老、老師，請振作點！」

接著，被長谷川抓著搖來晃去。

隨之晃動的中田則是在不穩定的視線裡，看著在風中飛翔舞動的櫻花。啊啊，春天，春天到了……

接著，他又心想。

回去之後……

真想要在剛烤好的厚片吐司上，塗滿難以想像的大量花生醬，狂吃個三片下去。

雖然一個人暴飲暴食實在有點寂寞，但是沒問題的。

因為，榎村應該會一起作陪才對。

order.16／END

宅配美食 *Information*

花生醬 含顆粒・無顆粒

[HAPPY NUTS DAY]

[價格] S SIZE（110g）／日幣1,296圓

M SIZE（240g）／日幣1,998圓

[保存期限] 製造日期後 6 個月

日本首次使用甜菜糖的花生醬。落花生只使用了甜味與香味都相當豐富的千葉縣產花生。不添加任何添加物，對身體很好，小孩也能安心享用。驚人的香味與濃醇的口感，不只是麵包，也能用在甜點或是料理上。官方網頁的食譜也相當吸睛，更能增進廚藝。

⇒ http://happynutsday.com/

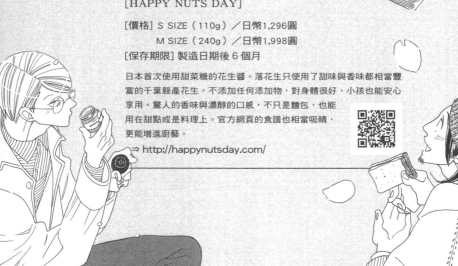

Sensei's
"Otori-yose"
★ ★ ★

網購美食宅幸福

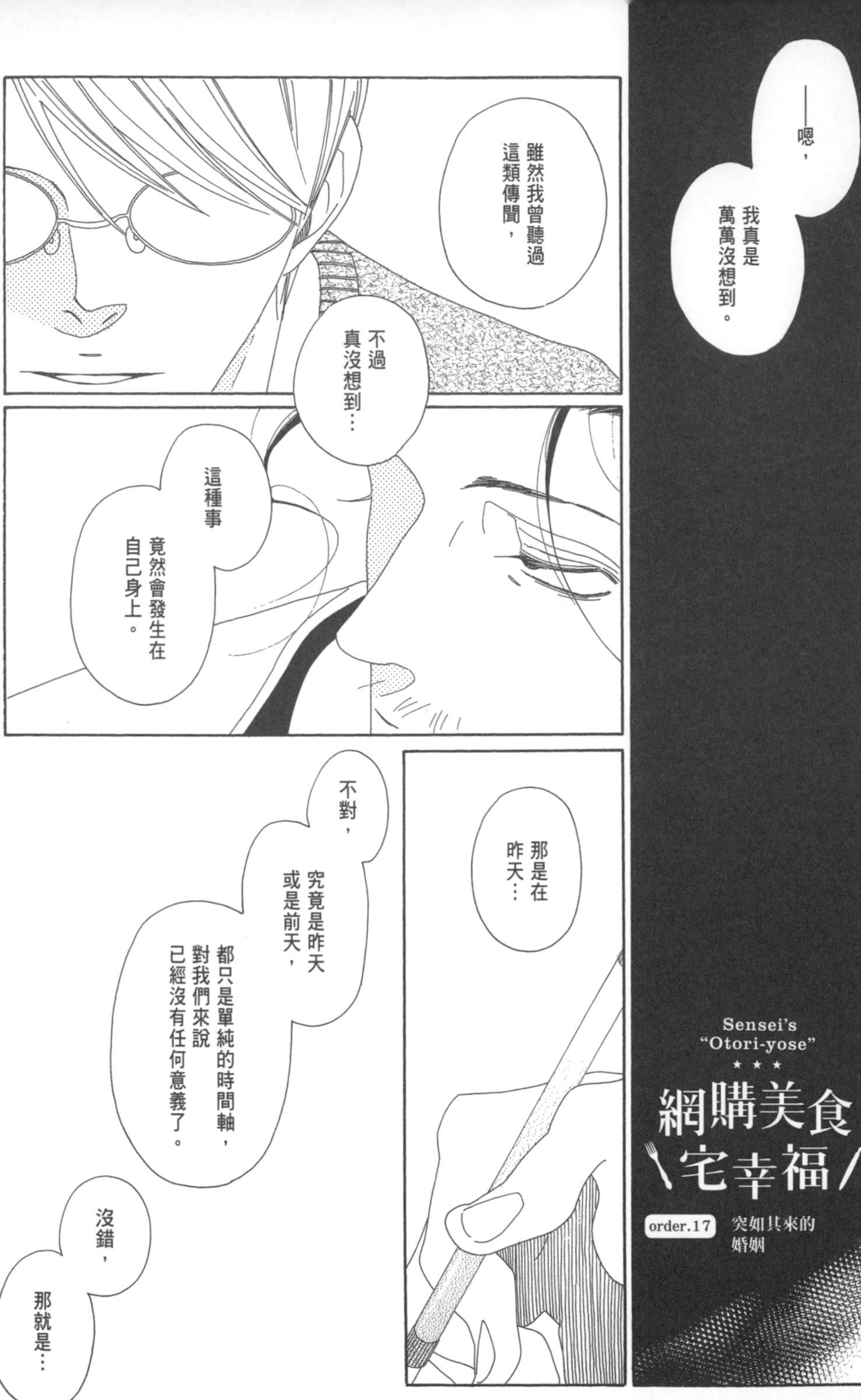
——嗯，
我真是萬萬沒想到。
雖然我曾聽過這類傳聞，
不過真沒想到…
這種事竟然會發生在自己身上。
那是在昨天…
不對，究竟是昨天或是前天，
都只是單純的時間軸，對我們來說已經沒有任何意義了。
沒錯，那就是…
Sensei's "Otori-yose"
網購美食宅幸福
order.17 突如其來的婚姻

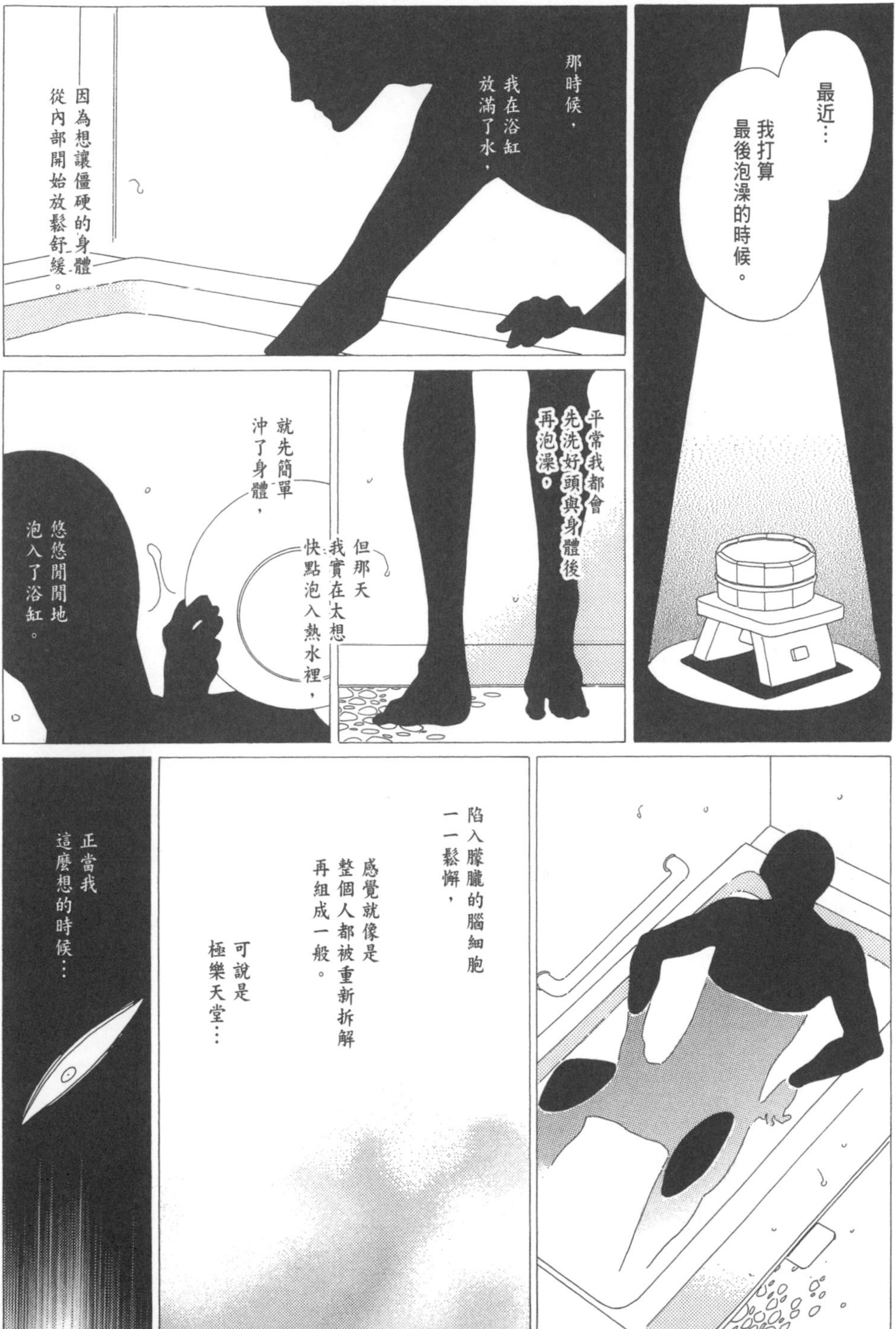
最近……
我打算
最後泡澡的時候。
那時候，
我在浴缸
放滿了水，
因為想讓僵硬的身體
從內部開始放鬆舒緩。
平常我都會
先洗好頭與身體後
再泡澡，
但那天
我實在太想
快點泡入熱水裡，
就先簡單
沖了身體，
悠悠閒閒地
泡入了浴缸。
陷入朦朧的腦細胞
一一鬆懈，
感覺就像是
整個人都被重新拆解
再組成一般。
可說是
極樂天堂…
正當我
這麼想的時候……

哎呀，真沒想到自己也會遇到這種事。
不好意思，拜託你幫忙。
不過，現在還是用手繪原稿在畫少女的人已經非常稀少了，也就是為什麼這裡如同休息站一般的氣氛嗎？
不過這次，真的是非常危險。
根本找不到可以來幫忙的助手⋯
那她怎麼了？
SE-60

她是指？
哼，你還真是不解風情。
別讓我說啊！
啊啊，長谷川啊？
她現在也在忙自己的稿子。
所以沒辦法來幫我。
哦…
她有說等結束之後會趕過來幫忙。
這麼說來，她果然也是想成為專職漫畫家啊？
有夢想真不錯。
嗯，這個嘛…誰知道呢！
咚！
說不定是在畫薄本的稿子也…

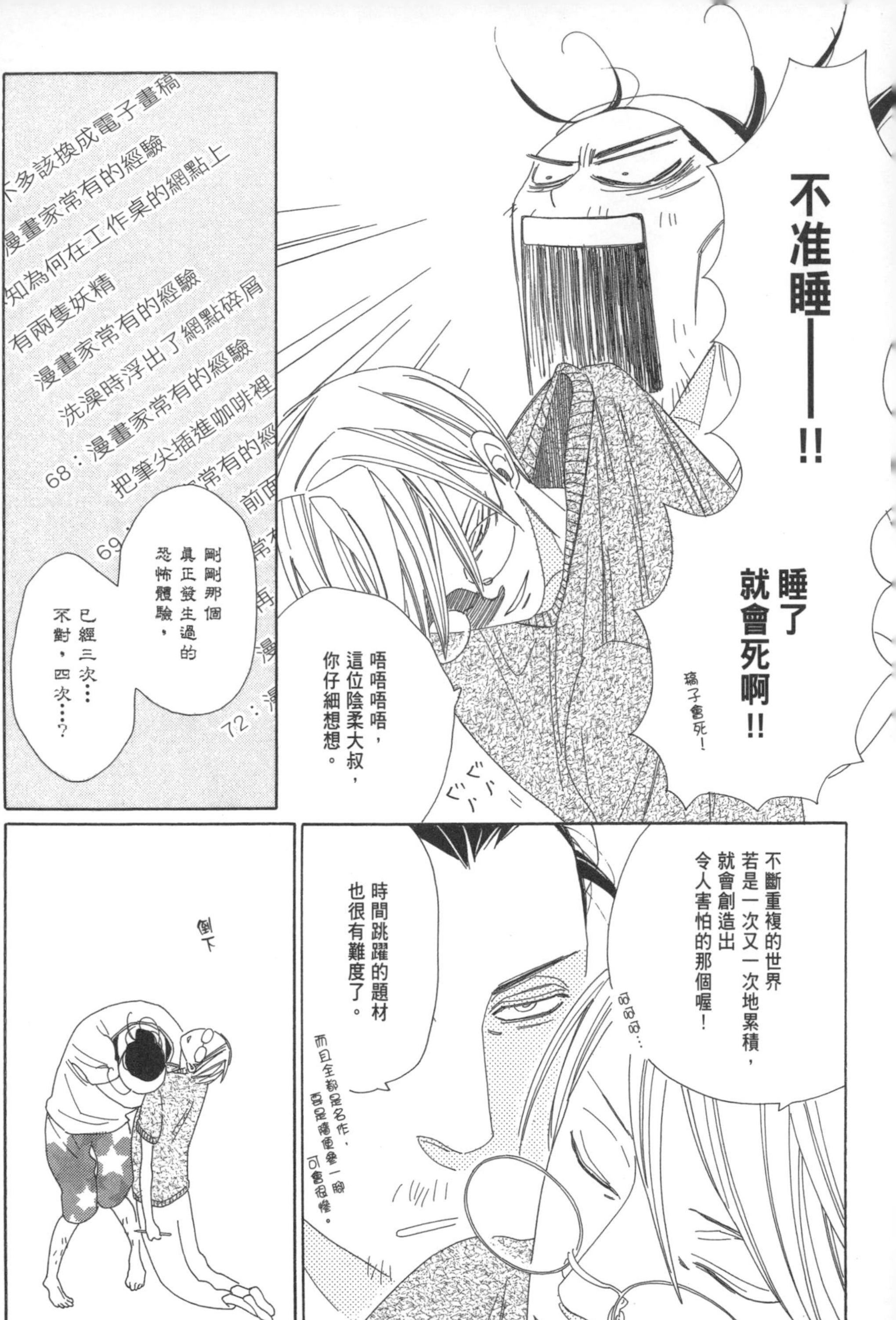
不准睡——!!
睡了就會死啊!!
稿子會死!
唔唔唔唔，這位陰柔大叔，你仔細想想。
ぐぐ ぐぐ
不多該換成電子畫稿
漫畫家常有的經驗
知為何在工作桌的網點上
有兩隻妖精
漫畫家常有的經驗
洗澡時浮出了網點碎屑
漫畫家常有的經驗
68：漫畫家常有的經驗
把筆尖插進咖啡裡
剛剛那個真正發生過的恐怖體驗，
已經三次…不對，四次…?
不斷重複的世界若是一次又一次地累積，就會創造出令人害怕的那個喔!
呵呵呵…
時間跳躍的題材也很有難度了。
而且全都是名作，要是隨便參一腳可會很慘。
倒下

絕對不行!!
不，已經那個了吧？
整個衰老
那個已經那個了，
…對吧？
是啊，
那個已經那個，說不定那個了…
呼…
要喝咖啡——!!
說得對!!
空

…這個橋段已經五次…
不對，第六次了…？
在某個…
某個世界已經出現分歧點。
我要回去…回去重新來過。
不，回去實在太危險了。
無論回去幾次，馬利還是會被拉格特琳殺死。
ⓒ銀之三角
叮咚—
叮咚—
驚嚇
喔？
你不開門嗎？
叮咚—
我、我要開啊。
…你好？
你好——我是虎貓宅急便的——

我來送件跟收貨——
……收貨？
ink

…根本不可能吧？
※日文中，「最後一次」和「蘭壽金魚」發音相似。
可是這已經是今天最後一次收貨了。
我管他是最後一次還是蘭壽金魚，沒有的東西就是沒有!!
蘭壽金魚
好可怕！
請宅急便回去!!
然後明天自己送去編輯部!!
可是可是可是～
就剩下一點點了啊～
叮咚—
你好——
請問東西…
還沒好吧？

對…
因為你在收件委託的備註欄上，不是寫了希望盡量晚點過來嗎？
現在也才18點左右，
而且…
收貨時間是17～19點，然後盡量晚點過來……
小睡（15分）
對不起啊，鬼女島——
都讓你特地過來一趟了啊啊啊
跪地道歉
不會啦，其實我也覺得是不是來得太早了。
今天這裡是我最後一個收貨的地點，
我可以等到完成再收貨喔！
鬼女島…!!
乾脆嫁過來吧！
不過，要是會拖到20點左右就傷腦筋了。
啊、還有…

這個，
是寄給你的貨物。
這是…!!
什麼？是網購美食嗎？
啊啊可是!!
可以先幫我蓋章簽收嗎…
現在不是享受這美食的時候了！
啊啊可是!!
怎樣!!

這是…
這正是我們渴望不已的東西…
沒錯，
這就是…
咖啡因!!
嘰—
啪哩啪哩
是咖啡嗎？
有點不一樣!!
這是鎌倉咖啡界的教祖，CAFÉ VIVEMENT DIMANCHE的…
濃縮咖啡歐蕾!!
CAFÉ AU LAIT BASE
Blend
café vivement dimanche
café

咖啡歐蕾……
濃縮…？
你們想想！就是那個啊！難道沒有這種經驗嗎？
突然好想喝美味的咖啡歐蕾……
就從咖啡開始沖起，
自己做做看。
好難喝…
咖啡的味道很淡，溫度跟甜味都不上不下，量還很多…
（泡了
這種時候!!
BASE
Blend
ドンーっ

只要有了這個就有如天助!!
CAFÉ AULAIT BASE
無論是什麼人都一定可以做出美味的咖啡歐蕾!!
喔喔—
啪啪 啪啪 啪啪
可…可是現在…
不是喝飲料的時候…吧…
別這麼說。
稍微休息一下也不錯吧？
短暫休息可以提高工作效率。
鬼女島…!!
那、那……
乾脆讓我們懷孕吧！

我們就不客氣了…
喔喔，這個比例的表示方式很好懂呢！
真貼心
就是說啊，上頭要是寫稀釋幾倍的話，根本就搞不懂嘛…
MILK
1
3
本品1：MILK3
成分也很簡單呢～
砂糖跟咖啡豆
來，請用。
啊，我也可以喝嗎？
這是當然啊～
http://dimanche.shop.pro.jp
商品名：咖啡飲料（4倍稀釋）
成　分：砂糖、咖啡豆
容　量：500ml
保存期限：如標籤所示
保存方法：請避免陽光直射，置於陰涼處。
那麼…
咕嘟…
咕…
咕嘟…

唔…
唔哇啊～～～
好好喝!!
一口氣喝完了！
真的很好喝耶～!!
我也是！
對吧？對吧？
咖啡的風味非常明顯!!
恰到好處的酸味正好適合咖啡歐蕾～！
我!!
喜歡杯的人～
我也喜～
就是說啊！就是說嘛！
好喝的黑咖啡跟好喝的咖啡歐蕾，豆子果然還是不一樣呢～
甜味也不會讓人覺得膩，真的是恰到好處～
就是說啊、就是說啊！
對靠體力工作的我來說，有糖分真的很棒——

即使在咖啡店
多如繁星的鎌倉，
CAFÉ VIVEMENT DIMANCHE
也是首屈一指的名店…
café vivement dimanche
擁有多種
用心烘焙的咖啡豆
可供挑選，
點餐之後
才開始研磨沖泡的
咖啡，
更是最高級的
美味。
不僅是咖啡，
餐點與甜點
也都相當獨特。
Moqueca
Gaufres
Omelette au riz
café creme
但最值得一提的
果然還是…
身為
咖啡文化中心的
存在！
咖啡與
音樂、
咖啡與
文學…
以及，
咖啡與人…

咖啡深奧的魅力
與咖啡產生的
化學效應…
藉由咖啡
所引領而出的
相遇地點，
這就是
CAFÉ
VIVEMENT
DIMANCHE!!
Vivement Dimanche.
等不及星期天了!!
喔喔—
啊哈哈哈…
呵呵呵呵…
聽了由來之後，
覺得這咖啡歐蕾
更好喝了，
充滿了縝密推敲後
所誕生的成熟風味…
第三杯
在一大早
或是剛洗好澡，
甚至是想換個心情時
就會想喝的味道呢！
自己在家享用
也很開心，
當禮物
也很適合喔！
連瓶子
都很好看
請問…
這個濃縮原汁
味道很濃嗎？
一口氣喝掉
我覺得應該
滿濃的，
怎麼了？
啊——這樣應該
很適合那個…

淋在冰淇淋上面
應該也很好吃吧。
爽朗
冰淇淋!!
香草口味!!
快去買香草冰淇淋回來!!
了解!!
截稿日前
這就是所謂的阿芙佳朵吧？
張
口

天才!!是天才嗎!!
真是太好吃了!!
可以開店賣了!!
濃縮咖啡歐蕾，
因為冰淇淋的低溫而結凍，創造出酥脆的口感……!!
唔唔唔好好吃!!
感覺也很適合漂浮飲料的冰淇淋呢!!
櫻桃小○子喜歡的那個！
這邊
無論淋了多少都不會覺得太多!!
淋滿滿也是美味滿滿!!
ドドドド

這香濃又優雅的濃縮咖啡歐蕾，
輕鬆就將價值100日幣的簡單香草冰淇淋，
昇華成最高級的甜點…
即使濃縮咖啡歐蕾也帶有甜味，
卻不會與香草冰淇淋的甜味相抵。
這也是因為濃縮咖啡歐蕾本身就有著咖啡特有的苦味…
跟牛奶混合也不會遭到埋沒。
反而更帶出了那份美味，
互相提昇，
溫柔地完成了全新的美味。
沒錯。

牽起手、
拉著手、
互搭著手，
腳踏著
華麗舞步的兩人，
就有如佛雷・亞斯坦
與琴吉・羅傑斯!!
來跳舞吧！
簡直可說是
極致的婚姻關係…!!
一下子就吃光光了呢——
要再來一杯嗎？
再去買冰淇淋回來——
叮咚——
你好？
啊!!
不好意思，我是長谷川!!
對不起，我來晚了！
有什麼我可以幫忙的嗎…

婚姻…
所謂的婚姻關係是指，
原本兩個不同的存在，
成為了宛如同一存在的和諧狀態，
不敢看
的樣子。（維基百科）。

order.17／END

宅配美食 *Information*

Café Vivement Dimanche
原創濃縮咖啡歐蕾 500ml
[Café Vivement Dimanche]

[價格] 日幣1,404圓
[保存期限] 製造後 1 年內（未開封）

以重烘焙的宏都拉斯豆為基底，再混合了印尼、衣索比亞、瓜地馬拉豆後沖泡而成的一品。基本的沖泡比例為濃縮咖啡歐蕾 1 ：牛奶或是豆漿 3 ，但也可以隨喜好調整牛奶或豆漿。由製造商所推薦，將濃縮咖啡歐蕾淋在香草冰淇淋上享用的吃法也非常美味。

⇒ http://dimanche.shop-pro.jp/

Sensei's
"Otori-yose"
★ ★ ★

網購美食宅幸福

order.18

藍藍的莓果就要在純白的床鋪上

白色日光穿過格子窗照了進來。

窗上的和紙讓十二月過於明亮的日光變得柔和溫暖，靜靜地照入本殿。雖然空氣冷冽，但中田心想，這正好適合現在的氣氛。

至尊至貴
伊邪那岐大神
於筑紫日向之橘之小戶之阿波岐原
祓濯淨身而生之祓戶大神等
望聆聽吾等祈求
祓除潔淨
吾等禍事與罪孽

修祓之儀——由神職祓除我們身上的罪穢。在這之後為「祝詞奏上」，也就是向神明報告兩人結婚之事。

沒錯，今天正是結婚典禮。

而且，還是莊嚴又傳統的神式婚禮。

原本，會在本殿參加神前式婚禮的就只有新郎新娘的家人跟媒人，朋友或同事大多是從婚宴才開始參加。但這次中田受到大力邀請，才會在場。

——因為，老師就如同我的師父一樣啊！

今天的新娘……也就是長谷川是這麼說的。不，她已經不是長谷川了。從今天開始她就會冠上另一個姓。不過，她似乎打算在打工的地方繼續使用舊姓，中田也打算跟之前一樣稱呼她為長谷川。話說回來，現在的年輕人真是當機立斷。一遇到命中注定的對象，大概半年就會踏入禮堂了。

——而且，多虧了中田老師我不僅能在現實裡遇到**我老婆**；更因為到老師那裡工作，又遇到老公啊！

這段話，應該需要一些說明吧？

後半段提到的老公，應該沒什麼太大的問題。今天的新郎。鬼女島是負責配送中田家公寓的宅配司機。要是長谷川沒有到中田那裡當助手，兩個人也不會相遇。

就這方面來說，中田的確扮演了丘比特般的角色。

問題在前半段。

長谷川口中的「我老婆」，並非一般社會認定的「老婆」。在這裡所代表的是「自己最愛的動畫、遊戲、漫畫等作品中的角色」。通常「我老婆」都是身處二次元，也就是架空世界的角色，**但是有時候現實世界的名人也會混入其中，進而收集那位的情報並妄想，甚至將其二次元化，再製作成同人誌——這種高等級的展開**。另外，女性沉迷的男性角色（或是真實人物）也是稱呼為「我老婆」。讀到這裡仍然搞不清楚的人，只要了解「長谷川除了結婚對象以外，還有一個如偶像一般的存在」就可以了。

那麼，長谷川口中的「我老婆」又是誰呢？

「…………祓除潔淨…………吾等禍事……與罪孽……」

在中田身旁眼神放空的大叔，就是傳說看過的人都會認為他是位美男子的小說家——榎村遙華。

這麼充滿耽美感的名字是他的筆名。原本榎村是以官能小說為主活躍的作家，基本上不太露臉。但由於最近與中田合作的作品動畫化，採訪與拍照的機會也隨之增加，長谷川也是因為看到了這些訪談，才會成為榎村的超級粉絲。當然，她也有讀過他的作品才對，但比起作品，她更是榎村本人的粉絲。先不管他那纖細又冷酷的外表，就了解榎村這男人本性的中田來看，只能說人各有所好……

今天，榎村面如蠟色般蒼白。

不知是因為工作忙碌，還是因為這場結婚典禮，總之，他應該沒什麼睡。榎村對長谷川有好感這件事就不用說了，中田還知道榎村誤會對方對自己有意思。說是誤會也不太對……畢竟長谷川的確喜歡榎村。**但不是當作男人，而是當成老婆。**

——我也想邀請榎村老師一起參加，會太失禮嗎……？

不久之前，長谷川一臉認真地問道。

雖然不會失禮，但很殘忍。但在這種時候，要是對完全沒有注意到榎村心意的長谷川說：「這樣太殘忍了。」才更是毋庸置疑的殘忍作為。所以中田也只能陪笑地說：「嗯——不知道呢……」

——能讓我老婆，也就是榎村老師看到我穿著婚紗的樣子……我想今後應該不會再有這種夢幻機會。用偶像迷妹的說法就是，**自己的本命來參加自己婚禮一樣……！**

不過，因為中田也可以理解長谷川的心情，只好回說：「我不著痕跡地試探看吧？」但是，仔細想想根本沒有什麼「不著痕跡」，越是想掩飾就越是感覺故意。

實在沒有辦法，中田就直接開口詢問榎村了。

——長谷川想邀請你參加婚禮，你應該不想去吧？

剛度過截稿日的榎村掛著如幽靈般的表情想了想，「我去。」就這麼答應了，但臉上還是那副幽靈似的表情。

到了婚禮當天。

隨著三三九度之後，誓詞奏上、玉串拜禮，婚禮按步驟地進行，巫女也開始起舞。

雅樂雖美，但長谷川更美。雖然原本就很可愛，但還不算是華麗漂亮的類型，不過，今天卻彷彿能沉魚落雁一般。難道新娘都會被施上特別的魔法嗎？這樣對比起來，身旁的幽靈……**一副靈魂要從嘴裡飛出來的樣子**。這麼說來，這也是中田跟榎村第二次一起參加婚禮了。

緣分還真是奇妙。

原本只覺得遇到了麻煩的合作對象，沒想到卻住在同棟公寓的隔壁房間，兩個人還都愛窩在家裡，**又喜歡網購美食**。不僅個性完全不同，也很難說是感情好，**但不知不覺卻熟悉到連對方家裡的廚房都瞭若指掌**。現在就連中田的家人或親戚都會在電話或是信件上問「隔壁的乳迷叔過得好嗎？」這麼說來，榎村（通稱乳乳或是乳迷叔，因為他是巨乳迷）就連中田曾祖母的喪禮都去參加了。

……咦？

中田突然發現。

榎村見過中田的家人、親戚、助手，最近甚至連相親對象都看過了——但中田有看過榎村的親戚或朋友嗎？

中田曾聽他說過雙親的話題。他們都是青森人，這是因為榎村有時也會開口說出難以理解的津輕腔。但是，卻沒聽榎村說過回老家的事，也沒看過他回去青森的樣子；沒有朋友會來找他，也沒聽說他跟其他同業來往……

當中田忙著想這些事時，新郎新娘也退場了。

接下來預定在庭院拍合照。

當中田邁步移動時，

「唔唔唔……」

腳步不穩的榎村就撞了過來。

「好了啦，快點站好。」

「唔唔唔……吾等禍事……與罪孽……」

一想到在將成為夫妻一生回憶的照片裡，會拍到榎村這副如幽靈般的樣子時，中田就不由自主地感到有些抱歉。

◈

好開朗啊！

伊良子小口地啜著白酒，看著餐廳前方的小舞台這麼想著。新郎新娘則是比肩坐在舞台旁邊的位置上，笑咪咪地看著。

舉辦完神前式婚禮之後，現在已經換成了西式禮服。

之前也曾經擔任伊良子助手的長谷川結婚，這裡則是二次會的會場。

「長谷川……不對，小桃今天真漂亮啊！」

伊良子這麼說後，中田也點了點頭回應，「就是啊！」接著又充滿感慨地繼續說：

「這麼說來，原來長谷川的名字是小桃啊？」

「對啊，長谷川桃香。嗯——新郎的姓氏……我記得很嚇人吧？」

「嗯。鬼女島，也就是說……」

鬼女島桃香。

「就像是前往鬼島的桃太郎……」

「真的耶……」

「新郎本人感覺也很厲害耶！髮型跟**蝴蝶夫人**一樣。」

「嗯，他人很好喔！」

「……啊，開始拍照了。」

「真的耶！長谷川簡直就像是聚集在會場的攝影師……一般來說，新娘應該是被拍照的對象才對……」

中田無奈地小聲說道。

沒錯，是長谷川在忙著拍照。

手上拿著專業單眼攝影機，絲毫不擔心會弄髒身上可愛的白洋裝，只是全心全意地從各種位置上瘋狂拍照。

對象則是榎村這位小說家。

伊良子剛剛之所以會那麼驚訝，就是因為看到榎村的樣子。他從剛才就開懷地不停熱唱。光是伊良子記得的曲子就有：**《紅色的麝香豌豆》**、**《瀨戶新娘》**、**《瓢蟲森巴》**、**《新娘森巴》**、**《松健森巴》**……選的歌都很老就不說了，一開始都是唱婚禮用的曲子，之後卻幾乎都是森巴了。

「他好像連舞步都全部跳了耶！原來榎村老師是這種人嗎？還是因為喝醉才這樣？」

「他沒醉啦……」

感覺實在是看不下去了，中田不禁別開眼。

「咦？他腦袋清醒嗎？扭腰擺臀跳得超猛耶！」

「因為他不會喝酒啊……」

「啊、原來。」

同樣也不會喝酒的中田大口乾掉自己那杯烏龍茶，感慨地說道：

「我認為這場單人歌謠秀……是他為了壓抑內心湧現的負面情緒，**腦內麻藥因此過度分泌**，才會這麼開朗地大吵大鬧……」

「啊——因為榎村老師很喜歡長谷川嘛！」

「因為她也常常看著乳乳臉紅嘛……這樣難免會誤會。要是我能早點說出口，他是不是還不至於受到這麼嚴重的傷……」

「嗯——真的很難說出口。雖然有愛但不是戀愛的那種愛。」

「就是說啊……」

「只是當成三次元角色來喜歡，而且在妄想裡還是**總受**……」

「說、說不出口啊……」

「最近甚至還會**妄想OMEGA設定讓他生三個孩子組成五人家庭。**」

「說不出口——」

中田扭著身體哀著。

舞台上榎村正唱完《松健森巴Ⅱ》，**「呀——千千老師！好棒喔——好可愛！好神——」**受到新娘如此大力稱讚。順帶一提，其他賓客臉上則是掛著尷尬的笑容。

「哈哈哈！哎呀——唱歌之後口就渴了！」

無限開朗的榎村則回到中田對面的位置。拿起桌上的烏龍茶便**咕嚕咕嚕地**大口猛灌，碰地一聲坐了下來。

「乳乳，我說啊……這裡可不是你的演唱會喔……」

「我唱太多首歌了嗎？可是新娘很高興啊！」

「是啦……」

「婚禮的主角是新娘。只要新娘開心就沒問題了。對吧？伊良子！」

「啊哈哈，是啊！」

伊良子看著榎村莫名閃亮的雙眼，笑著回道。因為反作用力就能變得這麼開朗，看來他內心真的很難過吧！伊良子心裡忍不住開始憐憫這位小說家。

「這麼值得慶祝的場合，我們也來喝吧！陰叔丸！」

對著手上拿著紅酒瓶的榎村，「你在說什麼傻話？」中田皺著眉頭回道。

「我們根本不會喝酒啊。你之前只是喝了一杯蘋果酒就滿臉通紅了不是？」

「蘋果酒真的很好喝耶！如果有那種充滿水果的香味，酒精濃度又低的酒就好了。」

「啊——那含羞草怎麼樣呢？這裡有氣泡酒跟柳橙汁，我可以做喔！」

原來以前伊良子曾在打工時當過調酒師。原本含羞草這種雞尾酒是使用香檳跟柳橙汁，但是氣泡酒也可以做出口感類似的調酒。

「伊良子，不行啦！這個人真的很不會喝。」

「我會多放一點柳橙汁的。哎呀……畢竟人生裡也是有想喝醉的日子嘛！」

「話是這麼說沒錯……」

「陰叔助！你也要陪我！」

「咦……」

「怎樣？你是覺得我的酒不能喝嗎？陰叔吉！」

「你怎麼喝之前就已經醉了？還有，你要怎麼叫我是無所謂，但至少也統一一下吧……伊良子，你真的要少放一點酒才行喔！」

「了解。」

「好！既然也潤了喉，接下來就來唱比較沉靜的**《聆聽奧莉薇亞》**吧！」

「不行啦，那首歌太不吉利了。」

「那就唱Aming的**《等你啊》**。」

「為什麼都是挑老歌唱啊……啊！那首也不行！絕對不行！」

兩個人熱熱鬧鬧地討論著才二十多歲的伊良子從沒聽過的曲子。

「不管怎麼說，他們兩位還真是黃金組合啊……」心裡這麼想著，伊良子動手調著酒精較少的含羞草。

當然，這時候他們完全沒發現——低酒精濃度又好入口的雞尾酒有多麼危險。

◈

榎村人在車站。

他在陌生的車站徬徨著。

心想著，原來是那場夢啊！

是他不斷重複出現的夢境。

雖然想回家，卻不知道該怎麼回去。

車站裡許許多多的列車交錯來去，只要轉乘幾班車應該就能回去了。

他突然發覺自己現在是少年的姿態。

回到還沒戴上眼鏡，仍是十二、三歲時的模樣。所以身上應該也沒有手機。但是，這座複雜的車站與路線卻是他剛到東京時的記憶。或許是夢境裡的時間軸混亂了，但還是讓榎村心裡感到不自在。

榎村十八歲時，離開青森來到東京，就在新宿車站迷路了。

那不是作夢，而是實際發生的事。雖然現在新宿車站對榎村來說，仍像座迷宮一樣，但當時他卻對新宿車站的巨大複雜以及來往的人數之多感到震懾。夢中的車站有點像新宿車站，也像是東京車站，不過沿著樓梯到了月台，上頭卻像故鄉一般飄著雪。

跑上一號線的月台，粉雪細柔地覆蓋了鄉下古老的紅色列車。急忙地跑到三號線，鵝毛大雪則片片落在銀色的列車上。沒錯，故鄉有著各式各樣的雪。

那麼，地下鐵又是如何呢？

沿著階梯向下奔跑，那裡竟然停著令人懷念的臥鋪特急電車。這種車應該都是從上野發車才對，而且他明明身處地下空間，卻看得到積雪，氣流更捲起了雪花。正因為是夢，什麼事都有可能。

不是這輛電車。

那輛電車也回不了家。

夢中榎村不斷地在車站裡四處奔跑打轉，終於找到了熟悉的山吹黃色的電車。雖然他不知道究竟為何是那顏色，但正是那個顏色。沒錯。只要搭上這輛車，就能回家了。榎村放下心來，鑽進了電車。

過了不久，他便發現了。

不對，這班車也沒辦法回到家。他搭錯車了。

電車飛速地將車站甩在後頭。完全不知道下一站會是哪裡。車上的乘客全都沒有五官，就只有在一瞬間會突然變成某人的臉。老朋友、親戚、同事、初戀對象。每當榎村開口搭話的瞬間，他們又會立刻恢復原本蒼白圓滑的臉，一句話也不說，只是沉默地坐在位置上。

比起害怕，榎村更感到不安。這輛電車肯定永遠不會靠站，自己再也無法回家了。

當他發現了這個事實後，電車便離開了鐵軌，浮了起來。

電車乘著浪頭往前直行。

不是天空，而是由潔白的海浪取代了鐵路，電車就如同游龍一般前進。風景如柔和明亮的水彩畫一般美麗，但榎村的內心卻是無比寂寞，雖然想向他人宣洩這份不安，但乘客們卻都是全無五官。只有浪花不斷飛濺到電車的窗戶後再次流落。

「……………好久沒夢到了……」

之所以會說出口，是想確認自己真的回到現實的世界。

看來，他終於醒了。

這場夢還是一樣讓人疲勞。榎村的聲音非常沙啞，喉嚨也很痛。他皺著眉頭，坐起了身來。身體之所以痠痛不已，肯定是因為他就這樣睡在地板上。

身上的襯衫跟黑色長褲全部都變得皺巴巴的，身旁還擺著裝有婚禮紀念品的大紙袋。

對了，昨天是長谷川小姐的結婚典禮……在榎村仍在恍神時，儀式就結束了，在婚宴時還有多少恢復點理智，不過他還記得，到了二次會時就開始大爆發，唱了一連串的老歌。在那之後……呃……

「頭好痛……」

榎村的頭又痛又重，胃也漲痛不已。對了，他喝了酒。喝起來就像是柳橙汽水一樣，他就忍不住一杯接著一杯……

不行。

榎村完全想不起來，自己究竟是怎麼回家的。

而且，這裡並不是榎村的房間。雖然

不是榎村的房間，但隔間很熟悉。這裡是中田的房間。

榎村的腦袋還有一部分正在回想著那夢境。

已經好幾年沒夢到了……是因為酒的影響嗎？

無法回家的夢想。

不斷離家遠去的電車……

「……不過，就算回家也沒有人在那裡……」

正當他這麼自言自語時，聽見沙發上傳來**「唔嗯！」**的呻吟聲。有兩隻小腿掛在三人座的沙發外，當那雙腿開始伸展後，又來了**「唔呀！」**的奇怪叫聲。

「啊、啊！腳抽筋了！好痛痛痛痛……！」

「哈哈！蠢炸了！」

「喂！你剛剛用津輕腔罵了我什麼？唔哇！我的小腿肚好痛！」

「別大叫啊，頭很痛耶！」

中田躺著蜷曲起了身子，揉捏著小腿說：「誰叫你不能喝酒又硬要喝。」

「真的喝了那麼多嗎？」

「說『跟果汁一樣』就咕嚕咕嚕地狂喝了下去。」

「我不太記得是怎麼回來的了。」

「我記得是兩個人一起被塞進計程車的樣子……被伊良子。」

「記得？」

「其實我也記得不是很清楚。誰叫你一直吵著要我喝，我就陪你喝了……後半就沒什麼記憶了……」

「………」

「………」

在沙發上下的兩個人面面相覷。

中田的臉因為喝酒而浮腫，頭髮亂七八糟，鬍子也長了出來，模樣相當嚇人。榎村應該也是半斤八兩吧？**不過，兩個人都失去記憶實在是太嚇人了。**希望沒在二次會上做出什麼失禮行為就好了……

「要是長谷川再也不來當助手了該怎麼辦……」

「說不定鬼女島也不會像之前那樣給我們方便了！像是在截稿日前稍微等你完成稿件之類的，如果沒有這種救贖……」

「唔喔喔喔……這、這樣實在太傷腦筋了……」

不管怎麼說，這次的新郎新娘可說是手握中田的生命線。當全身脫力的兩個人像屍體一樣攤著不動時，榎村的手機響了起來。

「喔？是伊良子啊……唔喔——這是什麼……」

「什麼？怎麼了？乳乳？」

「……糟糕。陰叔，我們兩個好像做出大逆不道的事情了……」

——順利回家了嗎？昨天兩人合唱的《Wedding Bell》真是太棒了。

伊良子的訊息這麼寫道。下面還附有照片……不對，是影片。探頭看著手機的中田瞪大了眼。「《Wedding Bell》難道是……」

「我想應該就是那個『難道』……」現在的年輕人應該不知道吧？當初流行時榎村也記不太清楚，只是之後常出現在懷念的老歌單元，才跟著學會。

他提起勇氣按下了播放。

♪去死吧♡

影片一開始就是副歌，讓榎村忍不住**「唔哇！」**地叫了出聲。

「我們真的超認真地在唱《Wedding Bell》！我們兩個真的唱了那個超令人懷念的團體Sugar，昭和時代最火紅的失戀名曲！」

「別說了！不要再播了！」

「這、這個……認真聽了歌詞，真的很誇張……**實在是最不適合在婚禮上唱的歌No.1……**」

「別再說了！」

眼前突然飛來了一個。是中田丟過來的。榎村勉勉強強躲過了抱枕攻擊，大叫著：「你幹嘛啦！」

「要你別再說了！啊啊！我竟然還合音……！真想以死謝罪！」

中田從榎村手上搶走手機，並立刻關掉影片。

「就算那麼做，事實還是不會有絲毫改變的！」

「居然偏偏選了這首歌！**這首在甩掉自己的男人婚禮上，唱出痛苦與怨恨的歌！**嗚哇——都是乳迷叔的錯！」

「少把責任推到我身上來！」

「一定是這樣！因為你在喝醉之前也一直唱著老歌啊！你其實已經**六十歲**了吧？」

「你說什麼？怎麼可以對**年輕有勁的四十歲**說這種傻話！」

兩人雖然像是要抓住對方皺巴巴襯衫吵架的氣勢，但卻立刻「唔唔……」地癱坐了下來。

「這就是……所謂的宿醉嗎……」

「這種……肚子空空卻脹得好痛苦的感覺……唔嗯……胃酸……應該要先補充水分才對……」

緊緊跟在步伐不穩的中田身後，榎村也進了廚房。看到中田開了冰箱門，他也跟著探頭望了進去，抱怨「什麼都沒有嘛……」

「這也沒辦法啊……截稿修羅場後就立刻接著婚禮了。」

中田拿了一罐水給榎村。兩個人站在一起，動作一致地轉開瓶蓋，大口大口地讓冰水流進胃後，再同時「呼」地嘆氣。感覺胃似乎沒有那麼脹了。

「稍微吃點東西應該就不會那麼難受才對……可是家裡就只剩下冷凍義大利麵了。」

「現在我的胃感覺沒辦法跟義大利麵

好好相處。」

「我的胃也這麼說。感覺應該要……吃些**不會造成胃腸負擔，不太需要咀嚼，帶點甜味卻很清爽而且健康的**……東西……」

「你老是這樣要求一大堆，可沒辦法獲得幸福啊，陰叔。」

「我把這句話裱框送回去給你。」

中田不滿地鼓起臉頰，打算關起冰箱門時，榎村像是看到了什麼，「等等。」突然開口說道：

「那一罐是什麼？」

「咦？啊、這個？**藍莓醬**。就是那個……早乙女小姐的男友島先生，你還記得吧？」

「啊啊，就是你的相親對象早乙女小姐啊。就是你已經很有那個意思了，卻決定跟年輕可愛的公司後輩訂婚的早乙女小姐嘛！然後你說的就是那位年輕可愛的島先生啊？」

「你不用那麼詳細解說，我自己也很清楚。其實島先生有在看我的漫畫，我們偶爾也會在推特聊天。他最近好像迷上在家自製鬆餅，就是他告訴我這種藍莓水果醬很好吃的。」

「所以你網購了？」

「網購了。」

「喔？」榎村拿起了果醬瓶。

瓶子裡是藍莓獨有的深紫色……標籤上頭寫著**「藏王高原農園」**。

藏王是在哪裡？山形？還真不必是水果王國啊！**將這種醬淋在軟綿綿的鬆餅上，餅身的部分也慢慢染上這種醬的話**……

「……哼，現充竟然還吃甜食……」

「就算是現充也可以吃甜食吧？乳迷叔，要是因為自己不幸就希望周圍也跟著不幸，人可是會墮落到無底深淵啊！」

「我才沒有不幸。」

「感覺也沒有多幸福。」

「我才不會輸！只要吃了鬆餅就會立刻變幸福了！快烤！」

「我沒有鬆餅粉，也沒有麵粉。」

「難道人生就剩下絕望了嗎!!」

榎村咆嘯著，手也粗魯地用力關上冰箱門。小說家的壞習慣就是不管什麼小事都愛說得這麼浮誇，就不用吐嘈了。

「我也很想要快點吃吃看藍莓醬啊，但實在沒有勇氣直接淋在白飯上吃嘛……啊啊……如果這裡有任意門，就可以立刻去便利商店買鬆餅粉了……優格也很不錯……要是隔壁住的是哆拉A夢……不是這種巨乳迷的沒用小說家就好了……」

「……喂，你剛剛說了什麼？」

「巨乳迷又連續參加自己失戀對象的結婚典禮，可憐又沒用的小說家……」

「我不是說那個。還有，你不要偷偷摸摸加了一大堆損我的話……你剛剛說了**優格**對吧？」

「是說了沒錯。」

「我家裡有**優格**。」

榎村想了起來。

沒錯，他之前網購了優格。在截稿日前身心俱疲的時候，正好看到電視上在播放腸內細菌的特集。榎村當初不禁心想，我的腸內細菌平衡肯定很差……就猛然開始搜尋網購優格的管道。

「昨天正好在我要出門參加結婚典禮時送到了。」

「**你說有優格？**……應該不是有糖的吧？」

「不，我應該是訂無糖的。」

兩個人默默對看。

中田的冰箱裡，有藍莓水果醬。

榎村的冰箱裡，則有優格。

「我……我回去拿……」

榎村左搖右晃地邁出了步伐。

「小心點喔！要活著回來啊……！」

雖然心裡清楚中田是為了優格才會為自己加油，但榎村之所以要回到這裡也是為了藍莓水果醬，可說是半斤八兩。人就是應該這樣互相幫助。

話說回來，幸好中田家是在隔壁……等等，不對。就是因為這傢伙住在隔壁，榎村才會被捲入各種麻煩……算了，現在不該想這些多餘的事。重點是優格。

即使在自己家的玄關撞到鞋櫃，榎村還是朝著優格賣力前進。

◈

趁著等待榎村的時候，中田先擦了餐桌，再擺好果醬跟湯匙。要用什麼裝呢？如果是已經分盒裝好的優格就能直接吃，但如果是大容量包裝就要另外分裝了。以防萬一，中田還是先拿出了造型簡單的白碗。

這時，榎村抱著一個小箱子回來了。

「喔？這箱子很可愛耶，從哪裡網購的？」

「北海道。嗯……叫……呃……」

「幹嘛啦？**乳乳**你怎麼了？對自己不斷失戀的人生感到**憤怒而說不出話**來了嗎？」

「才不是！呃，我看看……這優格是從**紋別郡興部町**送過來的！」

「謝謝你從這麼遠的地方過來這裡！也謝謝藍莓水果醬特地從山形過來！咦？不是瓶子或杯子裝的啊？」

中田看到從箱子裡拿出的優格時，不禁有些訝異。這應該稱為便利包吧？雖然是袋裝，但下面也有足夠的寬幅，可以直立擺放。最近便利商店的便菜也都是這種包裝。包裝上還寫著……

「**有機優格？**」

「我在尋找對健康有益的優格時發現的逸品。」

「常聽到一大堆有機商品，但優格是有什麼東西可以有機啊？」

「真是個好問題，鬍子饅頭！」

「哇——又有新綽號了。」

「這優格是由面朝鄂霍次克海的興部町裡的**NORTH FARM STOCK**製作的！鬍子饅頭，請問優格的原料是什麼呢？」

「老師，是**牛奶**。」

「請問產出牛奶的牛小姐們都是吃什麼？」

「牛……飼料……穀物……？」

「嗯，的確大多情況都是如此，以穀物為中心再加入維他命等營養劑，下了不少功夫。但是……但是呢！牛本來是該吃牧草的動物，這才是最為自然的樣貌。」

「啊——對喔，放養的牛的確是都低頭吃草呢！」

「沒錯！所以，**酪農有機就是從無農藥、無化學肥料開始種植牧草開始！**而且其他飼料也全都是**非基因調整**的，全都遵守著相當嚴格的標準。」

「竟然從飼料就開始了？」

「當然不只是飼料，也必須規劃成適合牛隻的環境。酪農要獲得有機ＪＡＳ認證可是相當不簡單的大事。這樣懂了嗎？鬍子饅頭。」

「自己分明邊講邊偷看傳單，竟然還這麼囂張。好了啦，快拿過來，我要倒進碗裡。」

「唔嗯。」

「鄂霍次克興部有機優格」

一袋是一五〇克，正好是一人份。

濃稠～

優格開始流進碗裡。喔喔……看起來好好吃……為了避免浪費，就連最後一滴都要擠出來。雖然這種類型的包裝要倒出來時有點麻煩，但相對地也會縮減垃圾的體積，相當環保。

咕嘟、咕嘟。

在兩名筋疲力盡的大叔面前，**出現了如純白新娘般的優格。**

中田腦袋浮現了「美女與野獸」這個詞。不對，人家才不是野獸！內心比任何人都還要少女啊……

「我要開動了。」

「我要開動了。」

只有在這個瞬間，這兩位漫畫家（少女大叔）與小說家（眼鏡大叔）才會這麼有規矩。

「……首先就先嘗嘗原味吧……」

榎村將湯匙插進了優格裡。等到從湯匙兩側滿溢而出的優格落回碗裡後，再送進嘴裡。

吞下。

過了一下，他的眼神就產生了變化。

因為不常喝酒而宿醉，相貌如乾枯芒草般的大叔，受到水分與養分滋養，就連混濁的眼白就被淨化成了乾淨的白色。

「好……好順口……」

榎村陶醉地說，又接著吃了第二口，再次沉迷地說道：「And清爽。」

我吃吃看，中田也跟著享用了優格。

「嗯……真的好順口……冰涼又溫和的優格輕輕地流過喉嚨進入了腸胃……」

「好治癒……」

「真的好治癒……」

兩人滿足地吐了一口氣。

閃閃亮亮閃閃亮亮……**嬌小的乳酸菌天使在兩人的身旁飛舞**。大概是宿醉影響造成的幻覺，但他們確實看到了。

「雖然沒加糖，但直接吃也很好吃～**酸得恰到好處**。」

「嗯。雖然近來也有出現幾乎沒酸味的優格，但我還是比較喜歡帶點酸味的。感覺對健康很有幫助。」

「實際上是很有幫助啊，**乳酸菌萬歲！**這個還是有機的，健康種植的牧草，健康茁壯的哞哞乳牛，以及用牠們牛奶製做而成的優格……**啊啊，我可以感覺到鄂霍次克的海風……**」

「除了優格以外，他們也有賣牛奶、奶油、起司，用北海道產的豬肉做成的香腸及培根！下次我也想訂來吃吃看。」

感謝大地。

感謝乳牛。

最後要感謝，**生產者們**。無論何時，都是依靠著自然與人的努力才能做出安全美味的食物。

「搭配水果跟麥片也一定很好吃！」

「我最近還會用**優格做沙拉醬**喔——將優格跟美乃滋按自己喜歡的比例混合，一邊試吃加入胡椒鹽，再加入切碎的巴西里就會變得很漂亮～搭配花椰菜或是根莖類沙拉超級好吃。」

「也可以降低卡路里。」

「就是說啊……啊～輕輕鬆鬆就進到胃裡了，我的胃壁被優格溫柔地安撫下來了。」

一下子就全吃完了。

之前兩人跟殭屍沒兩樣的臉色也隨之恢復，大概已經有六成人類的樣子。由於受到了溫和的原味優格施加了荷伊明治癒魔法，開始想要吃點甜食了。

「第二碗……」

「就要搭配藍莓水果醬囉……！」

中田前傾著身子，將第二袋優格倒進了碗裡。

「好，接下來淋上水果醬……唔哇！**藍莓果粒也太大了吧**？」

「真的耶！**咚地**就直接倒了出來！啊啊！白與紫的對比……就像是藍莓沒入了優格棉被一樣……！」

再來是第二次。

「「我開動了。」」

吃美食的時候，不管幾次還是要說。

「嗯！」
「唔嗯！」
飽滿多汁。
大顆的藍莓果實在嘴裡強調著自己的存在。
越咀嚼越能感受到那份柔軟口感與甜美多汁。果醬的風味當然相當濃厚，但卻不會過於甜膩。仍然好好尊重了藍莓本身的酸甜。

「酸酸甜甜的好好吃啊——！」

「裡頭有**好多好多**藍莓果實！」
「**花色素苷**萬歲！」
「再會了！疲憊的雙眼！」
「哎呀！優格跟藍莓真是最棒的組合啦！當然其他水果也很好吃，但不管怎麼說還是覺得藍莓最對味。」
「回歸原點的感覺啊！……不過，陰叔丸，這個**『藏王高原農園』**系列的其他水果醬感覺也很好吃……」

邊吃邊忙著搜尋的榎村說道。沒錯，其他還有**草莓、奇異果、芒果醬**等口味。中田也打算下次要買芒果來吃看看。鮮艷的橘色實在非常刺激食欲。

「不分季節就能享受各種水果風味的果醬真的很棒呢！」

「就算在嚴冬也能享受夏天水果正是加工品的優點。」

「夏天的話，**就想淋在刨冰上吃……！**一定會是非常奢侈的刨冰。也可以加酒做成美味的調酒。不過我也不能喝酒，算了……」

「要是**加入無糖蘇打的話，就是無酒精的水果蘇打了吧？**」

「啊！原來還有這招。」

「**還有奇異果，拿來當作醃料不是會讓肉變得更軟嗎？**」

「這感覺不錯。因為水果醬有甜味，**再加上醬油應該就會像是照燒一樣的味道**吧。」

「你試試看，要是成功再叫我。」

「**哇喔！居然只想依靠別人。**」

因為是水果醬，跟一般膠狀果醬比起來比較沒有那麼濃厚。不過這樣反而更容易拿來用在其他料理上。水果風味的調味醬感覺也很美味。

受到優格撫慰，又從水果醬獲得了能量，中田與榎村已經幾乎恢復成了人類的模樣。

吃東西真的是非常重要的行為。人有的時候總是會覺得我們只靠著自己的力量活在這世界上，但這是非常大的錯誤，要維持身體運作，最基本的條件就是飲食。無論是植物或是動物，我們剝奪其他生命來維生，所以在吃飯前才必須先說「我開動了」。

但是，只維持健康飲食也不一定能得到幸福……這就是人類的複雜之處。

「呼——活過來了……」

吃完兩包優格的榎村去浴室洗了臉之後回到桌前，表情也變得相當開朗。順帶一題，中田在榎村去拿優格時就已經先洗過臉了。身為少女男子實在沒辦法接受自己的鼻子閃著油光。

「……對了，乳迷叔。」

中田原本打算不多過問，但還是很在意。「怎麼？」榎村坐回餐桌椅，用平常那有些傲慢的語氣回問著中田。

「你作了什麼夢？剛剛看你似乎在呻吟。」

「……我？」

「嗯。」

榎村稍微歪了歪頭。雖然只是早上的夢境，但似乎已經忘掉了。既然會在夢中呻吟的話，應該不是什麼好夢才對，要是忘掉那也正好——正當中田打算開口這麼說時。

「啊，我想起來了。我變成了孩子，搭錯電車的夢。」

榎村這麼回答。看起來一點也沒放在心上。

「搭錯電車……」

「對，所以回不了家。反而離家越來越遠……在夢裡覺得很不安。」

「這……」

「別誤會了，那都只是夢境。應該是剛到東京來時，覺得都市的車站很複雜而迷路的記憶，才讓我作了這種夢吧？」

「的確也有這種可能……乳乳，難道你很寂寞嗎？」

「啊？」

榎村露出一副想笑又無奈的表情。

「因為……繼九堂總編輯後，連長谷川都結婚了……」

「不知道你在講什麼。」

「而且，乳迷叔你根本就沒什麼朋友嘛……」

「孤高的小說家才不需要朋友。」

「在成為孤高小說家之前又是怎樣？學生時代的朋友呢？」

「我從學生時代就很孤高了。」

「說得這麼囂張的樣子，其實只是被排擠了吧？」

「你講話也太沒禮貌了。」

榎村一臉不滿的樣子。

「我的確從以前朋友就很少。因為太年輕，都會把腦子裡的想法直接說出口，真要說的話，是別人不敢靠近我吧！」

「不只是因為年輕吧？**你現在也一樣**啊？」

「就算是如此，我也不是被排擠。」

榎村無視了中田的吐嘈，接著又說：

「我只是很普通地一個人過著日子。因為本來就很喜歡自己一個人讀書，不會覺得特別困擾。也有其他人跟我一樣，在需要團體分組時，只要找那種人一起就好了。那時候更沒有人會覺得不跟朋友混在一起就很奇怪的風氣。」

「嗯……如果一個人也很快樂的話，那的確是沒什麼問題。」

「也是有小孩需要花上比較長的時間才能找到合得來的朋友。現在還有在聯絡的學生時代期朋友……只有兩個。不過有一個人被外派去國外工作，另一個人則是單親爸爸很忙。所以好幾年都沒見面了，也不會特別想見面。只要對方過得不錯就好了。」

「啊，原來你還是有朋友啊！」

「你到底把我當成什麼啊？」

「誰叫你啊……」中田忍不住笑了出來。知道榎村並沒有像自己所說一般那麼孤高，讓他安心了不少。

「因為我從來不曾看過有人到乳迷叔家玩嘛！也不覺得你有跟哪個編輯感情特別好，父母也沒有來過吧？而且也沒看過你過年時回老家。」

「老家……已經沒人了。」

「咦？」

聽到這意外的答案，中田不禁沉默。

看著中田困惑的表情，榎村稍微笑了一下說：「嗯，差不多就是那樣。」

第一次看到榎村露出這樣的表情……中田心裡謎團變得越來越大。沒人了……這到底是什麼意思。

在他猶豫究竟要不要打破砂鍋問到底時，門鈴「叮咚」地響起了。這麼早會是誰來呢？但一看牆上的時鐘卻發現已經是上午十一點了。根本不是一大早了。

看到對講機裡的訪客後，「哎呀？」中田不禁瞪大了眼。

「是誰？」

「**REFRESH出版社一行人……**」

「咦？難道你大拖稿了嗎？」

「我才沒有。而且不只是小稻，還有乳乳的責編小岩，以及偽娘總編輯跟夫人……」

砰沙！

榎村突然起身衝了過來。整個人從背後蓋住中田，擅自按下對講鍵，大叫著：

「九堂前總編輯！」

『哎呀——榎村老師，您果然在這邊呢！』

對講機傳來了九堂前總編輯（巨乳）的**性感嗓音**。

「是，我人在這邊！哎呀，都是因為昨天晚上中田喝太醉了，我只好幫忙帶他回家！」

「竟然一臉稀鬆平常地撒謊！」

「來，請進吧！先往前走右手邊就是電梯了！」

『謝謝您，那我們就上去了。』

從對講機小小的螢幕裡可以看到九堂前總編輯手上抱著嬰兒。也就是說，全家大小一起來拜訪了。而且，還有兩個人的編輯也一起……為什麼？

「請進請進，歡迎光臨！這麼髒亂的地方還真是不好意思，還請你們千萬不要客氣！」

「我家才不髒亂！」

於是四個人＋嬰兒就一起進來了中田的家。除了九堂前總編輯以外，各自手上都有拿著東西。

「這個是最近十分受歡迎的**現烤麵包**。」責編小稻說道。

「我這邊是在紅茶迷中大受討論的茶葉，聽說泡成**奶茶**也超好喝。」責編小岩說道。

「我老家那邊寄了**橘子**過來，是叫做『紅MADONNA』的品種，很好吃喔！」現任總編輯說道。

今天的打扮依然是女生的樣子。不過要是這個人穿了西裝反而會讓人嚇到停止呼吸。

喔喔喔……榎村一臉感動的樣子。

「正好這裡也有**非常好吃的優格與藍莓醬**……！這麼一來就能組成**超完美的早午餐**了……！」

「早午餐，感覺好棒喔！中田老師，請問可以借用一下你家的廚房嗎？我想要加熱麵包……」

聽到小稻這麼問，「啊、嗯，當然好啊！」中田也一起進了廚房。榎村則依然待在原位，開心地看著嬰兒，臉上還笑容全開。這究竟是嬰兒效果呢？還是因為前總編輯因為哺乳而**爆乳的效果**呢？大概兩邊都有關係吧……

一進到廚房，「不好意思！」小稻便立刻道歉了。

「突然就過來打擾……我有打了幾次電話……」

「啊……應該是我手機沒電了！我才不好意思呢！但怎麼會突然來……？」

「其實呢……」小稻開始娓娓道來。昨天的新娘……也就是長谷川主動聯絡了小稻。

——榎村老師的樣子似乎很……不是的，不是很失落或很混亂的感覺，是因為太開朗了，我才有點擔心……而且後來連中田老師都一起加入……

「一聽說兩位老師在二次會時熱唱了《Wedding Bell》……整個編輯部都很擔心……」

「唔唔……還真是個很多人添了不少麻煩……」

「雖然我心裡覺得你們應該沒問題，但還是過來看一下……結果九堂也說很久沒有看到兩位，想來見個面……啊，不過我們會快點回去的。」

「討厭啦！別這麼客氣。悠閒地待久一點吧。反正我們今天也沒辦法工作。」

「真的可以嗎？」

「當然，乳乳看起來也十分開心啊～優格跟藍莓醬真的很好吃喔！」

小稻則露出了笑容，「謝謝老師！」嬰兒的笑聲從客廳裡傳了過來，大人們也不禁跟著笑了起來。

嗯，這麼熱鬧真好。

中田心裡這麼想著。

雖然很在意剛剛跟榎村講到一半的話題，但現在還是大家一起熱鬧度過最好。

多虧了藍莓優格，胃的狀況也已經好了不少，剛才聽到現烤麵包時，食欲也跟著出來了。

「**好可愛……真的好可愛……**手軟綿綿的好像**手撕麵包**……」

榎村正笨拙地抱著嬰兒，平常冷酷的面具都不知道丟去哪裡了，看來他很喜歡小孩。

「呵呵，看起來很好吃吧！」

「可是不能吃喔？」

從容自在的妻子與有些慌張的丈夫，看來兩人的感情很好，真是可喜可賀。

「對了，雖然在這種時候談工作有點不識相……其實有單位**邀請兩位舉辦簽名會**，而且還是**國外**。」

總編輯一邊切著擁有美麗橘色的老家橘子『紅MADONNA』一邊說道。「是哪裡呢？」中田回問。

「**法國**，似乎有場介紹日本漫畫的活動。」

「哎呀，好棒喔！是法國啊，我很想去呢！」

「榎村老師覺得如何呢？正好也能與您的雙親見面。」

……嗯？

剛剛總編輯說了什麼？

中田看向榎村，榎村則把嬰兒還給前總編輯，很明顯地避開中田的眼神，「啊……嗯，我想想……」講話不清不楚的。

「乳乳，你父母人在法國嗎？」

中田的臉上帶著冷笑。

「好像在，又好像不在……」

沒注意到正無謂矇混的榎村，什麼都不知道小岩開口說道：「很讓人羨慕呢，**夫妻一起到法國遊學**。」說出了相當具體的事實。

「唔哇！原來是這樣啊，好羨慕喔！**兩個人都在法國啊**，難怪津輕的老家會都沒人在呢。」

聽到中田話裡不帶一絲感情，榎村又開始解釋：「我剛剛正打算要說明的。」

你這傢伙在說什麼傻話，居然還裝出那麼寂寞的笑容。

「那只是三個月前的事……我也嚇了很大一跳！誰知道我媽隨意買的彩券會剛好中了還不錯的**獎金**，本來要他們存起來，可是她說『反正這也是多出來的錢，乾脆跟爸爸一起去法國玩一陣子』……」

「這不是很好嗎？對令堂來說，法國肯定是個很憧憬的國家。」

看著笑咪咪的小岩，「才不是呢！」榎村則搖著頭否定。

「只是因為好像可以在那裡**吃到美食**罷了。」

「啊……畢竟是美食之國嘛……」

「還有，**因為語言很像**。」

「咦？」聽到這句話前總編輯突然有了反應。

「日語跟法語很像嗎？」

「不，**是津輕腔跟法語很像**。」

「很像嗎？」

「……**爾環一邊不見，安捏會混麻煩……**」

在場其他人全都驚訝地看向流暢說著剛剛那句話的榎村。

「剛剛那是……法語？」

「是津輕腔。」榎村如此回答前總編輯的問題。

「是耳環有一邊不見了，這下麻煩了……的意思。」

「唔哇，真的好像法語喔！」

「只是『像』而已！」

榎村有點激動地補充。

「當然單字跟文法也都完全不一樣！我實在不敢相信他們竟然會沒什麼準備就這樣跑去法國了……我可是每天都很擔心他們……！**實在是活得太自由**

了……！」

「真不愧是親子。」

「吵死了！你這鬍子炸饅頭！」

「不要隨便亂炸我啦！有什麼關係，就邀請他們來簽名會嘛！」

「不用特地跟他們見面也無所謂。」

「咦——可是我想看看**乳乳父母的樣子**……不對，是很想跟他們打聲招呼。」

「這句話不用特地重講一次，無所謂好嗎？」

前總編輯聽著兩個人的對話，忍不住說出「太好了。」並露出了笑容，

「兩位老師的感情還是這麼好。」

聽到這句話，「咦咦！」兩人又再次異口同聲，不禁轉頭互看。這樣就是感情好嗎？真的嗎？

合作的工作總有一天會結束。

這麼一來，跟榎村的緣分也會結束，也不會再分享網購的美食了。像這樣跟兩人共同的工作對象一起在家裡享用美食的情況……也會消失吧？

希望不會變成這種情況。

中田心想。

雖然榎村要帥地稱自己是孤高小說家，但其實根本是個**怕寂寞的大叔**，再加上**自戀**的感情。而中田因為在大家庭裡長大，本來就不喜歡自己一個人。

所以，他打從心裡希望可以繼續。

跟這個麻煩的大叔一起分享美食，不知道究竟是否能稱之為友情的關係。如果在未來還能夠自然地、淡淡地、隨意地持續下去就好了。

這時，門鈴又突然響起了。

「來了………唔哇？咦咦？**鬼女島？**」

在對講機的另一側，昨天的新郎又換上了平常的制服，帶著笑容說道：「我來送包裹了——」

中田立刻開了鎖，榎村也跟著一起到了玄關，驚訝地問道：「為、為什麼？」

「你為什麼今天還在上班？沒去蜜月旅行嗎……？」

只見鬼女島華麗地微微搖動他那頭捲髮，「呵呵，您在說什麼呢！」臉上帶著微笑。

「現在是**十二月**。而且……又是**年末**。」

「啊，是宅急便最忙的時候……？」

「NO！NO！雖然這麼說也沒錯，但還有個最大的原因。我家妻子在那個活動裡**順利**取得攤位，怎麼可能在這時候出門旅行……」

「啊。」

「她現在也在家裡努力製作薄本中……」

「啊——……」

中田也故意無視在一旁問著「薄本是什麼？」的榎村。

「她說出現新的點子……江戶西醫・仲田庵被迫政治聯姻，而被招待參加結婚典禮的千千藏因為過於傷心……」

「嗯，好。我大概可以猜到之後的發展了。」

「因為上次是OMEGA設定的病嬌結婚壞結局，這次的故事似乎會是幸福結局喔！」

「你們在講什麼深奧的話題？」

「沒有啦，乳乳不用在意。鬼女島，幫我跟新婚妻子說聲加油吧！」

中田蓋章的時候這麼說道，鬼女島則是開心回了「好！」之後就離開了。能有這麼一個理解腐女的老公，長谷川應該很幸福吧？

「喂，薄本是什麼……」

「啊啊！這個是我之前網購的那個！」

「什麼？甜點？名產？有機食品？B級美食？」

榎村興奮地開口詢問。

箱子裡面究竟裝了什麼，是開箱時的樂趣。但不管是什麼，都是相當好吃的網購美食。

「老師們，你們怎麼了？」

編輯們則從客廳探頭出來關心。

「現在要回去了。」

「好像又收到什麼東西了，大家一起吃吧！」

「喂，這又不是你的。」

「你的網購美食就是我的，我的網購美食還是我的。」

「將胖虎跟小夫混合之後，再加入大量巨乳迷的成分之後，就會製造出乳迷叔了呢～」

「快點打開啦！**大家一起吃才好吃吧？」**

「嗯，這麼說的確沒錯。」

中田點了點頭，拿起了紙箱。

在那裡面的是好吃的美食。

以及能跟夥伴們一起分享的喜悅。

order．18／END

宅配美食 *Information*

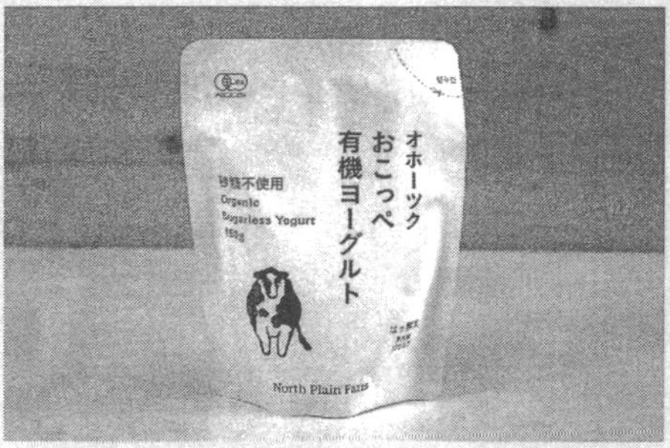

鄂霍次克興部有機優格
無糖
[North Plain Farm]

[價格] 150g／日幣248圓
[保存期限] 製造後30日

在北海道興部町製作的North Plain Farm有機優格，味道香濃卻有著爽口的酸味，正適合當作早餐食用。與優格使用相同原料的「鄂霍次克興部有機牛奶」也是在「本地牛奶大賽」中獲得最高獎項．金獎的人氣商品。

⇒ http://www.northplainfarm.co.jp/

水果醬 400g 藍莓
[藏王高原農園]

[價格] 6 瓶裝／日幣3,900圓（本體價格）＋稅
[保存期限] 製造後365日

這瓶水果醬的最大特徵就是內含相當大顆的藍莓果實。只有在這裡才可以嘗到的美味果肉相當適合搭配優格。除了優格以外也可以與冰淇淋、鬆餅等等一起享用。也可以網購到其他當季水果製成的果凍飲或果凍。

⇒ http://www.zao-highland.com/

欸…
起床了。
吃早餐囉，愛睏鬼。
真是的，快點起床啦，
欸，快點啦…
真拿你沒辦法…
要是你再這麼說…
我其他地方就要起來囉…
撫摸…
性騷擾
好大…
不過雖然大…
但，
很有硬度跟厚度…

Sensei's
"Otori-yose"

網購美食宅幸福

order.19 掬起愛的器具

再見，
我要跳下去轉世三次再回來。
我是不會阻止你，但好歹等我回去再跳吧！
為什麼你會在這啊？
in my home
什麼啊！你不記得了嗎～～～？
昨晚的情況…
謹賀新年
我們多了一位新成員，
明年也請多多關照。
鬼女島光輝
桃香
花奈
還真快呢！

太快了、太快了！真的太快了。
感覺就像是直接從搖籃衝到墳場的速度。
咦？《靈書妙探》（美劇）已經播到第六季了？的感覺（美國則是第八季），
貝克特警探的頭髮不會太長嗎？的感覺。
還要馬鈴薯沙拉跟燉雞胗。
我不久之後，應該就會變成全身上下的毛全都轉白，隨時都有柔焦濾鏡罩在身上的夢幻人類了吧？
怎麼了？你是看到賀年卡才知道的嗎？
嘿嘿——
我啊⋯在她懷孕時就聽說了，
所以都送完禮了。
喔——原來如此啊，誰叫漫畫家跟助手的關係就像家人一樣嘛！而跟我這種人則是有著又深又暗的馬里亞納海溝的距離。
啊！等等，
你要喝這麼多嗎？
大口 大口
喝個 不停

即使如此，
幸好眼鏡沒有壞掉。
為什麼要裝成那種聲音來叫我起床？
很噁心耶！
告訴你，我都已經叫你30次了。
換了各種方式，那算是最終絕招。
還有，
因為你真的是喝到爛醉，一直吐個不停，我還留下來照顧你。
幫你換掉沾上嘔吐物的衣服後，讓你舒服地躺上床，
甚至還貼心地連早餐都買回來了，
最後竟然讓你這個剛睡醒的男人占了便宜（？），如果你還有資格抱怨的話，我實在很想讓你從一到二百萬左右都好好說清楚。
是我不對。

知道錯就好。
早餐吃得下嗎？
說是早餐，也只有優格而已。
喀沙
喀沙
是那個好吃的優格嗎？
錯——是超商優格。
算了，都好。
那我就吃優格吧！
喀噠
明明就是受人恩惠的立場，你居然還是一樣架子這麼大啊！
來，請用。
カラダにマルメロのチカラ
マルメロヨーグルト
……啊啊……
長谷川也是媽媽了啊……
吞下

什!?
麼!?
這是什麼……
呵呵呵……
!?
這什麼湯匙啊……！
嚇到你了吧——
一臉囂張

這是從
福岡糸島送來的，
木工家酒井航先生的工作室
DOUBLE=DOUBLE FURNITURE的
冰淇淋湯匙啊!!
糸島
福岡
大分
佐賀
熊本
長崎
冰淇淋
湯匙……？
我實在
太想炫耀了。
你特地
拿來的？
呵呵！
我懂的，
我很清楚的！
它跟一般的湯匙
完全不一樣吧？
溫柔的圓弧
絕妙的厚度
優美的曲線
只要
舀一口入嘴裡，
就立刻可以
感覺到不同…
觸感？
服貼度？
木頭的溫度？
這些平庸的形容詞
都無法形容
那份感動…
可愛的
外型
超商的
優格
也很好吃。
用英語來說就是
COMFORTABLE！
Comfortable
舒適的／舒服的／
愜意的／自在的／
輕鬆的／豐富的／
富足的／安逸的／放心的／

輕鬆地入口，
舒適地融在嘴裡，
輕快地拿出來…
可說是飛鳥不留痕……
只有幸福的味道留在嘴裡。
就是這樣！
簡直就像沒將湯匙放進嘴裡一樣……
一回神才發現嘴裡竟然已經有了一匙優格！
就是這感覺…
隱身匿跡的方式真是太完美了…
將一切焦點都集中在主角食物上，
身為餐具的專業意識實在太了不起了！
要說它是按照人體工學來製造的我也相信！
「就算有一百支湯匙，我也想做出一百支一模一樣的……」

這是工作室主人，酒井先生所說的話。
由確實的技術所打造，
各種高品質的生活木製品！
奶油保存盒
TONE系列
長形餐盤
椅子
桌子
一切都是從與使用木材的人們真心交流，才能產生如此傑作！
其中蘊含了沉靜燃燒的職人魂…
DOUBLE=DOUBLE FURNITURE
完全同意!!
圖畫無法完美呈現這優美的線條，希望各位一定要自己拿實品看看。
我要告訴世界！
這湯匙是……超完美的餐具！

我…就是送這個給長谷川的…
覺得離乳食品用這個應該剛好。
的確……這的確是最適合了。
老實說，我已經不想用這湯匙以外的餐具吃優格了…
呵呵，我也很開心你能這麼喜歡…
哎呀！
討厭啦，呵呵呵。
幹嘛？
你這樣有點噁心耶！陰叔饅頭。
是你的嘴巴旁邊沾了…
跟手指一樣的感覺
優格……

BONJOUR~
MON COCO!!
ÇAVA?
JE VAIS BIEN.
COMMENT ALLEZ-VOUS!?
……阿、
阿爸、
阿母……
遙……
遙生、
恭喜……

好棒喔——!!
一段時間沒看到人就這麼有進展!!
阿爸嚇了好大一跳啊——!!
等一下!!
這是誤會啦!!
這是伴手禮——
別擔心、別擔心，
巴黎常看到這種事啦，
沒什麼不對的！對唄？阿母！
啊、你好——
就是啊～
打擾了——
原來他叫做遙生啊…
吼——就說不是了吼！受不了耶！
你們怎麼都不聽我說啊！
order.19／END

宅配美食 *Information*

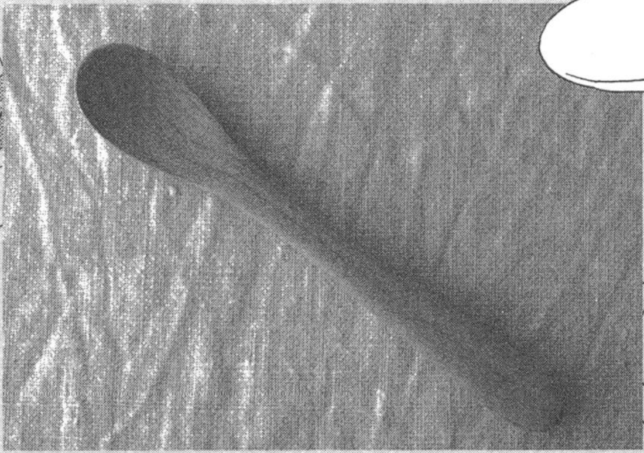

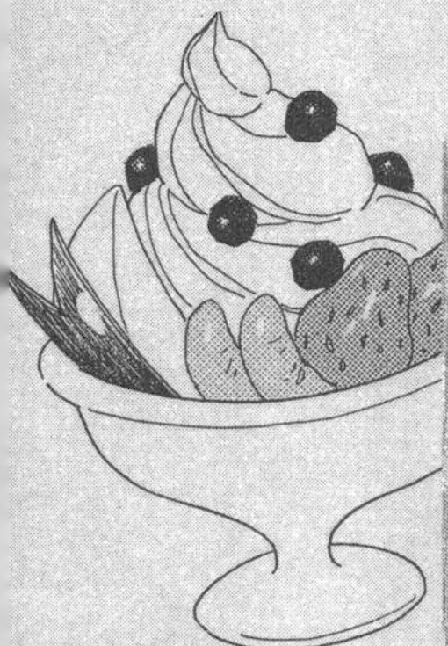

冰淇淋湯匙／楓木

[DOUBLE = DOUBLE FURNITURE]

[價格] 日幣1,600圓（本體價格）＋稅

在岐戶、長野修行６年之後於2011年獨立創立品牌，從設計到製作都是由職人獨自完成。將「如果這些是木製品就好了」想法轉為實體，從大型家具到小型餐具，每個品項都是能在生活中使用的名品。湯匙用的木材除了楓木之外還有胡桃木等不同材質，尋找自己喜歡的商品也是一種樂趣。

⇒ http://www.coconoki.com/shopbrand/DDF/D8

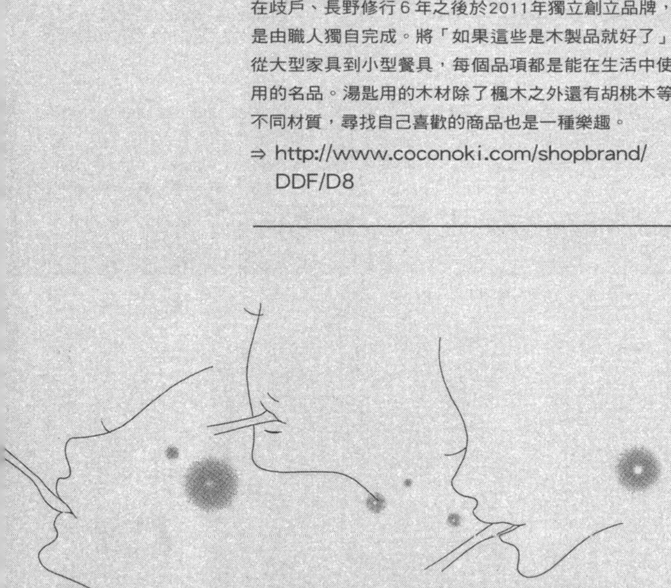

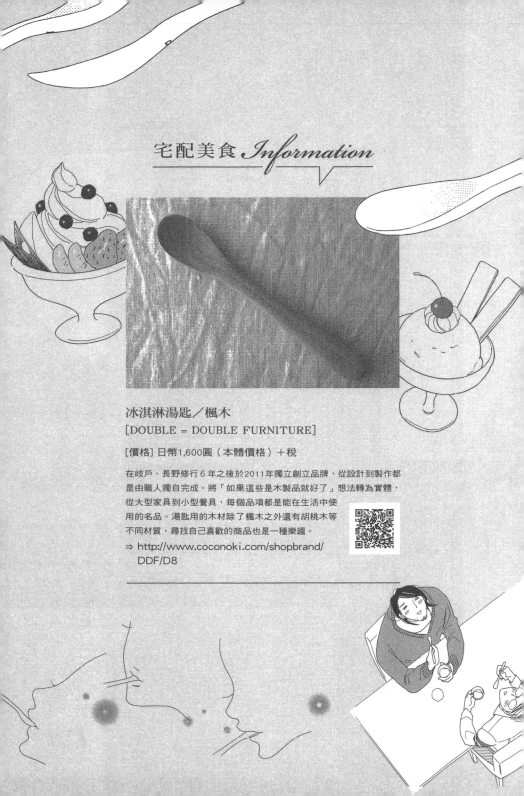

Sensei's
"Otori-yose"
★ ★ ★

網購美食宅幸福

Last order

歡送派對是華麗的咖哩

翻身時肌膚碰到床單，傳來一陣冰冷的觸感。這時榎村才發現原來自己身上沒穿衣服。透過眼瞼可以感覺到明亮的日光……看來早晨已經到來了。肩膀傳來的涼意，讓榎村的手摸索著毛毯，卻怎麼都找不到，不禁顫抖了一下身子。

這讓他想起了「春冷」這詞。

三月底，東京的櫻花似乎再過不久就要開了。去年春天我做了什麼？明明才只是一年前的事，卻也想不太起來了。那傢伙去相親，然後莫名跟相親對象去賞櫻，吃了超級好吃的花生醬……那已經是前年的事了嗎？

真快，就像是作夢一樣快。

但話說回來，毛毯在哪裡？

榎村再次伸長手，卻發現了不是毛毯的溫度。是那傢伙的體溫。

「……你醒了？」

聽到這問句，「嗯。」榎村有些沙啞地回道。身旁再度傳來了床鋪的嘰嘎聲，榎村知道是那傢伙坐起身。

「喂！」

榎村閉著眼說道，而對方也只「嗯」地回答了一聲。

「我們……是不是差不多不要再這樣做了……」

「說得也是……」

「每次一到早上我就感到後悔，這樣實在不太好……」

「就是啊！」

「我們到底是從什麼時候開始變成這樣的……」

榎村沒把話說完，但總算是睜開了眼，映入眼裡的是中田寬闊的背影。

「什麼時候……」

中田翻過身，看向榎村。一頭亂髮，一臉困擾地笑著。中田靠近了榎村，床鋪又再次嘰嘎作響，他整個人覆上了榎村，那雙厚實的右手輕碰了榎村的額頭。

「啊哈哈！都淤青了。」

中田苦笑著。這麼說來，榎村的額頭的確有點疼痛。

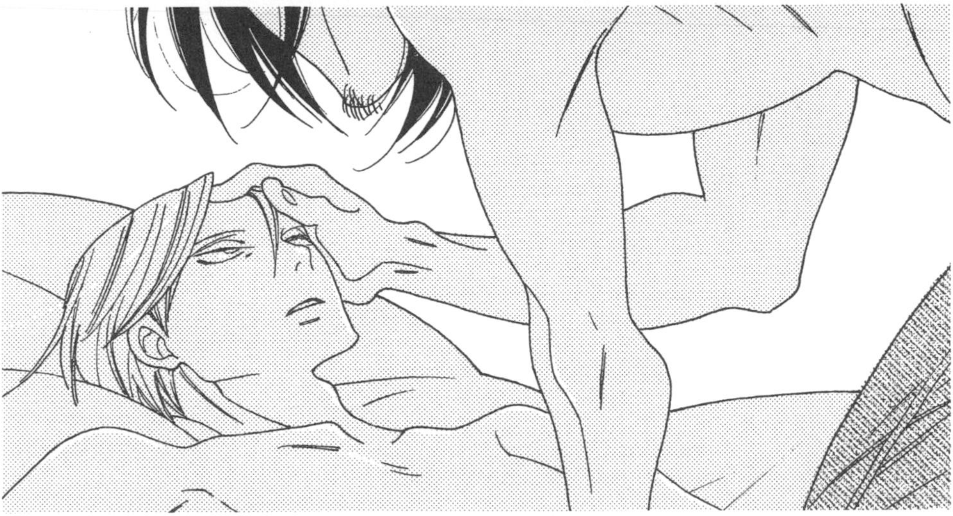

「榎村老師還真是……」

「唔……」

「令人傷腦筋的人呢……」

「好、好痛……」

「真的是……真的是……」

「就說很痛了！」

中田毫不客氣地使勁全力壓著榎村頭上的瘀青，大聲說道：

「你這傢伙！真的是個傷腦筋的笨蛋！」

耳朵好痛、頭也好痛、喉嚨好渴、胃也又脹又不舒服。

「明明就不會喝酒還很愛喝，每次喝了就倒向正前方，**『碰』**地撞到頭就睡著了。實在沒辦法，打算將你抬到**床上**時，誰知道你又吐了，害我不得不幫你脫掉衣服！這種事到底還要重複幾次才行啊！還是怎樣？難道這就是你的搞笑風格嗎？」

「不，我又不是搞笑藝人……」

「根本算不上什麼『藝(GEI)』！」

「啊，難道你這句話在暗示『gay』（與日文「藝」發音相似）嗎？」

「暗示個鬼啊！」

「講話別那麼大聲啦……我頭很痛。都是因為你半裸睡在旁邊，讀者才會一早就誤會。」

「就算是最終話，也不要隨便說出後設發言。還有，我之所以會半裸還不都是因為榎村老師吐到我身上嗎？」

「啊，抱歉。」

「而且這還不是第一次了……嗚嗚嗚……」

「是我不對，所以我剛剛才會反省想要結束這一切啊……咦？其他人呢？」

「昨晚都已經回去了……乳乳的母親超級會喝酒的耶！」

「就是說啊……」

榎村戴上了放在床邊桌的眼鏡，低聲地回應。雖然因為昨晚直擊額頭的關係，眼鏡都歪了，鏡片卻沒有破。

「我家阿母是酒豪，但阿爸完全不會喝酒。我比較像父親……不過你家的亞馬遜戰士也很厲害啊……」

「對啊，真的很厲害……那幾位無論是酒精或是甜食，可以說是全方位無敵啊……」

「嬉嬉稀跟蘭蘭羅又唱又跳地表演了pink lady嗎？」

「又唱又跳了……你家的爸爸媽媽也唱了《第三年的花心》，然後大家一起喝光收到的紅酒，最後趁著還有電車時颯爽地回飯店了……我記得他們說今天要去看寶塚……」

「還真是元氣滿滿……」

「希望他們可以分點給我……」

最近榎村雙親與中田的母親、祖母、堂姊×2非常要好，大家時常聚在一起開宴會。

「啊啊啊啊啊！我們不是讓能這樣懶懶散散的時候了！得快點工作才行！」

中田彈了起來，床也跟著晃一大下。

因為那振動，榎村又覺得有點噁心。雖然他沒喝到會宿醉的程度……其實，他應該只喝了30cc左右，但就已經是這種沒用的狀態。

既然如此，不喝不就好了嗎？

實在沒錯，說得非常正確。

不僅是連聲都不敢吭一聲，甚至連氣都不敢吐一口。而且，最近榎村總是重複相同的錯誤，添了中田許多麻煩。

「拿去，補充咖啡因打起精神來。」

借用了中田休閒服後，慢吞吞起身的榎村眼前出現了一杯咖啡。不管怎麼說，中田都是個很會照顧人的男人。

「我說乳迷叔你啊……最近到底是怎麼了？」

「怎麼？」

「老是假裝成不小心喝下去的樣子，其實你心裡很清楚吧？」

「才妹這中四。」

「你連話都沒講清楚。」

「咳嗯，才沒這種事。」

「工作的事？」

「……陰叔丸。」

「怎麼了？」

「陰叔長。」

「嗯。」

「中田。」

「太久沒有聽到你叫我本名，反而覺得很新鮮。幹嘛？」

面對面坐在餐桌兩側，榎村開口問了中田。

「我們第一次見面是什麼時候的事情了？」

「嗯……我想想，在REFRESH出版的會議室……兩年……不，應該是更早之前的事？」

「真是發生了不少事啊！」

「就是說啊──」

合作企劃，吵架又吵架，還是吵架，然後和好。

「也參加了兩次結婚典禮。」

「是啊──」

「吃了不少東西。」

「就是說啊！」

「還曾經被誤會了。」

「應該是說，現在還是被誤會中。」

中田望著遠方說道。

正是如此，榎村與中田到現在依然被誤會是一對情侶。一開始是被榎村的父母誤會，當然也拚命說明這只是場誤會，但越是奮力解釋感覺就感覺越真實，真是種不可思議的情況。而這誤會甚至還擴展到全家上下都是自由主義的中田家，甚至連奶奶都說了：「哎呀！早點告訴我們不就好了嗎？呵呵呵呵呵。」

「你明明就不是**巨乳美少女**，為什麼會產生這種誤解……」

「還不是因為你好幾次喝醉又嘔吐，最後半裸在我家的床上昏睡的事，被他們看到不是嗎？簡單來說就是自作自受。」

「可是長谷川小姐（已婚）就沒有誤會啊！」

「是啊，長谷川一定是在腐界的最深處悟道了。現在她受過千錘百鍊的邪眼，了解妄想正因是妄想而有其價值，沒必要與現實有所關聯，甚至可說是已達完全不需要的境地。所以她才能分辨真實。」

「雖然我不太懂你到底在講什麼，但總而言之沒被長谷川小姐（已婚）誤會，對我來說可算上相當的救贖了。」

「每次提到長谷川後面就要加上（已婚）不煩嗎？總而言之，只要乳乳去交個女友並介紹給父母，這種誤會就會自然解決了。」

「這句話我原封不動還給你。」

「我工作還很忙啊！」

「我也有工作啊！」

兩個人隔著咖啡熱氣互相找藉口後，又別開了眼。雖然榎村腦海裡似乎飄過了「逃避現實」這詞，但他決定徹底忽略。畢竟工作忙碌也是事實，在現在這時代，自由業還能夠這麼忙碌可說是相當幸運。前陣子，相當大型的出版社也久違地前來邀稿……

嗯？

咖啡喝到一半時，榎村突然驚醒了。今天……是幾號？是不是有什麼事要做？

「嗯？對了，乳乳今天是不是有什麼事情要做？好像是合作的工作有什麼會議……」

中田似乎也想著一樣的事。他從椅子上站了起來，走進工作室。應該是去確認行事曆吧？

過了不到十秒，就聽到了一聲**「唔呀！」**的慘叫聲，中田慌慌張張地跑了回來。

「天啊！今天是要去大手田出版社的日子！」

「啊。原來是這個。幾點啊？」

「下午一點。」

「現在幾點？」

「十一點五十二分。」

「…………」

「…………」

喀噠一聲，兩人同時急忙開始動作。要是不快點就要遲到了。現在卻還是滿臉鬍渣大叔×2。

榎村衝回隔壁房間，也就是自己家。迅速地沖了澡，但剃了鬍子之後就沒時間完全吹乾頭髮，只好頂著略帶水分的頭髮再次進入隔壁家。而以自己的女子力為傲的中田因為比榎村還需要更多時間準備，簡直慌張得不得了。

等到兩人終於搭上了電車時，都已經上氣不接下氣了。

在走往車站的街道兩旁有著櫻花樹，雖然似乎多多少少開始綻放了，卻沒有欣賞的時間。

「這……這領巾會不會很奇怪……」

「你、你的領巾不是全部都有奇怪圖案嗎……」

「一點也不奇怪。畢竟這是第一次來接洽的公司，我還打扮成比較精緻一點的休閒風呢！」

聽到這番話，榎村才發現中田並沒有從大手田出版出過書。

「之前都沒有向你邀稿嗎？」

「沒有呢──大手田比起出版漫畫，不是比較重文藝類嗎？」

「喔……說得也是。」

「乳乳不是好幾年前曾出過一本……啊，就是那個吧？有你討厭的責編。」

「金屁。」

榎村皺起了眉頭，之前那位責編正確的名字是金平。優點就只有他那張好看的臉，跟榎村根本完全合不來。

作者與編輯也有合不合得來的問題。要說清楚必須有什麼特質才會合得來實在很不容易。但只要最終工作能順利完成就可以說是合得來吧？不過要定義怎樣才算是「順利完成」，更是至高的難題。

相反的，要說明合不來倒是非常簡單的事情。

就是只要跟那位編輯一起工作就會失去動力、無法信賴對方。這種情況，不管怎麼說都是非常合不來，金平的時候就是這樣。

「如果這次又是那傢伙的案子，我早就立刻拒絕了。」

「我只有在簽名會的時候稍微瞄到了一眼……確實像是個只會做表面工夫，講好聽話的男人。」

「今天要見面的是漫畫的編輯吧？」

「對啊，我有先跟熟人打聽了一下，似乎是個可以相信的人。原本是在文藝部門，後來才調到了漫畫部，最近開始挑戰了各種新的嘗試，像是合作或是特別企劃等等。」

「喔……」

「反正我們也還沒有決定要接下這個工作，總之就先聽聽看是怎麼樣的企劃吧？」

「是啊。」

之前在REFRESH出版的合作於今年春天結束了。雖然也有繼續下去的可能，但榎村與中田認為在同個世界觀裡繼續發展，也只是畫蛇添足。這時，大手田出版則來邀請「不知道榎村老師與中田老師這對名搭檔，要不要嘗試新的挑戰呢？」

「哇喔！好大喔！」

中田抬頭仰望的大手田出版的大樓。

「好了，走吧。」

「呀！櫃台小姐有三位耶！」

「是啊。」

「乳乳你難道不喜歡**櫃台小姐**嗎？我啊……很希望能被貓眼又穿著高跟鞋的櫃台小姐責罵：『**像你這種骯髒的公豬，還以為自己可以踏進我們公司的大門嗎？**』」

「這種櫃台會被資遣吧？」

「討厭啦，你真是沒有夢想。」

向櫃台告知了編輯的名字之後，稍微等了一陣子他就出來迎接了。是位四十出頭、體格高大厚實、膚色白皙的男性。小小的眼睛裡充滿了笑意，嘴上說著「你好你好」非常親切。

「今天還特地麻煩老師們過來一趟，真是不好意思。我們先進來吧！」

態度也很謙虛，給人感覺不錯。

榎村想著這個男人似乎很像某種動物……原來是像儒艮。原本榎村對大手田出版有負面的印象……但仔細想想，那只是金平的問題，不關儒艮的事。要是被過去束縛而喪失難得的機會就太愚蠢了。榎村不斷提醒自己，要放輕鬆聽對方說話。

兩個人在會議室裡聽了一個小時。

這次不是由「榎村原作，中田作畫」的方式來進行，而是用接力的方式。只在一開始先決定角色跟大致的走向。之後就完全由兩人各自自由寫作（描繪）。譬如第一回由中田畫漫畫，榎村看過漫畫後，再繼續寫下一回。

「根據對方怎麼發揮，後續則會出現完全不同的劇情，可以說是隨機應變吧？我想這種臨場感應該很有趣。如果對方是不認識的人，應該會很難進行……但若是榎村老師跟中田老師，因為很熟悉對方，我認為可以順利進行。」

儒艮如此說明。

了解一開始不清楚的詳細內容之後，的確是個相當有趣的企劃。畢竟是兩個人一起建構起同一個故事，若不是了解對方的個性，並相信對方的話，肯定很難完成這企劃。雖然也曾經與中田起過衝突，但最後還是完成兩人都能接受的作品。雖然榎村從未說出口，但就創作者來說，他相當尊敬中田，也認為中田的胸部是世界第一。不，不是他本人的胸部，是中田所畫的美少女胸部。

「你覺得呢？」

中田問道。

離開大手田出版後，兩人走進了附近的咖啡廳。紅磚風的裝潢充滿了復古感，打造出舒適穩重的氣氛。

「還不錯。」

「對啊！」

「雖然接力還滿讓人緊張的。」

「我才該這麼說吧？感覺接力給乳乳之後，主角的胸部就會變得一次比一次大……」

「陰叔啊，我告訴你，胸部不是越大越好的。」

「**你怎麼敢說啊！**……啊！等等，你看一下那桌。」

「嗯？」

「我想那大概是漫畫家跟責編，不知道是不是新人。好像在讓編輯看分鏡……啊，大手田出版的人可能時常會來這間咖啡廳吧？」

原來如此，在稍遠一點的桌子上面對面坐著稍微緊張的年輕女性跟三十幾歲的男性。男生的手上拿著一疊紙，正一頁頁翻著。

「呼——光看我都緊張起來……讓我想起了新人的時候……不知為何，第一次見面的編輯總會嚇一跳……乳乳？」

榎村沒有回話，反而是在嘴前立起了食指。當然，意思是要中田小聲點。

跟中田注意的方向相反……榎村的背後傳來了熟悉的嗓音。

「哎呀，我真的很期待蒼井老師的連載。光是看這大綱，就知道肯定會是一篇傑作！」

「啊哈哈！說什麼傑作嘛，我都還沒寫呢！金平先生真是的。」

果然是金平。

中田似乎也發現了這件事，就拿起了手機開始操作。過了片刻，榎村的手機就砰咚♪響了起來。

——之前說的前責編？

榎村也立刻回覆。

——沒錯，就是那個金屁！跟他坐在一起的是年輕女性嗎？

——嗯。我記得是之前得到新人獎的女性。因為長相跟偶像一樣可愛，當初還造成一陣話題。

原來如此。榎村忍不住嗤笑。金平最擅長說些好聽話將女性作家捧上天了。

「我們雜誌也會因為蒼井老師的作品增加不少活力！對了，之後來做個對談企劃如何呢？老師有沒有想見的作家？」

「當然有了！」

輕快明朗的聲音更表現出她的年輕開朗。她想寫的題材肯定有如山多，更有大把的時間可以去實現……真是令人羨慕。

榎村拿起了帳單。因為不想跟金平碰面，最好還是快點離開這間店才是上策。

「想見哪位作家呢？」

「**榎村遙華老師！**」

……咦？

「喔，榎村老師啊！我以前當過榎村老師的責編喔。」

「真、真的嗎？好厲害喔！我從以前就很喜歡老師！」

……嗯，看來還是再多待一下子吧？

榎村的手放開了帳單，再次拿起了手機。

——跟偶像一樣可愛？

——嗯，的確是很可愛。

——另外……

——我覺得那部位滿一般的，大概是C或D吧。

——不，我並不是特別在意。不過，就像是女性們都會希望男性的身高越高越好，我也覺得當然大一點是最好。不過，在交往過程裡肯定會覺得這種事越來越不重要，更重要的是對方的內涵，或該說是精神嗎？如果都是作家，也會針對對方的作品討論。不，說不定都是作家才會無法順利交往。或許，保持不讀對方作品才是最適合交往的距離吧？

——你打字真快。

「榎村老師啊……老實說**他是位很麻煩的人**。」

他說啥？

聽到金平的話之後，榎村的肩膀不自覺一震。

「該說是對自己的作品有著太強烈的要求嗎……」

「金平先生，您怎麼這麼說？對作家來說，這是理所當然的。對作品的要求或自戀，就算再強烈也沒關係，會讓人感到麻煩才剛好。這也是因為他是作家。如果是一般的正常人，才不會從事這種如賭博一般的工作。這種經不起大風吹拂的個人工作者，只要不受歡迎就沒救了，就連失業也沒有補助。」

「啊哈哈，蒼井老師還真會說呢！」

「醜話先說在前面，我也是有點麻煩的人喔！」

「啊哈哈哈……哈……」

「我才不想被說是因為長得可愛才能獲獎，也會非常講究地創作下一部作品。還有，我也是比較會在意稿費跟版稅等等契約方面的人，契約也請先擬好草約給我看過喔！」

「哈哈……還真是第一次遇到會講這種話的新人啊！」

「俗話說一開始最重要嘛~有滿多編輯會說因為簽約是由其他部門負責，所以不太清楚，但金平先生應該不會這樣吧？畢竟你是很優秀的編輯嘛！」

「這……這是當然。」

聽到金平整個人氣勢都被壓過去的樣子，榎村差點就要笑出聲來了。看來是個很不錯的女孩。不僅很仔細又可愛。再加上是榎村的粉絲。非常完美。

「如果真的可以跟榎村老師對談就太好了……啊，可是……」

她的聲音稍微沉了點。

「榎村老師，最近狀況好像不是很好的樣子……」

「咦？會嗎？合作的作品似乎很受到歡迎，名氣也升高了不少的感覺。」

「不是合作，是他個人的作品。上次我讀了老師刊登在雜誌上的短篇……但是好像……」

榎村因為開心而變得暖呼呼的身體，立刻就僵住了。

「該說是少了那份尖銳感嗎？」

就像是被從頭潑了一大桶冷水一樣。

「是嗎？我最近都沒拜讀榎村老師的作品，不太了解。」

「我從老師只創作官能小說的時候，就一直閱讀老師的作品了。榎村老師的情色描寫該怎麼說呢……雖然情色卻可怕，或是情色中又充滿感情，而且還內藏了毒藥，所以才會如此有魅力。」

「妳真的很喜歡耶！」

「打個比方，就像是想吃甜食想得快發瘋的時候，有人在十分銳利的刀上淋上蜂蜜遞了過來，可是自己卻是兩手全被綁住的狀態。**所以，想吃蜂蜜的話，就只能含住那把刀**這樣的感覺……你懂嗎？」

「不，不是很懂……」

「真虧你這樣還能當編輯啊！總之，老師的作品就是有這種魅力。可是最近似乎變圓滑了……？雖然文章變得比較容易閱讀，但那種銳利感卻也變鈍了……的樣子，在讀的時候，心裡也不會有那種緊張不安的感覺。」

榎村就像是忘了呼吸，一動也不動，只是靜靜地看著冷卻的咖啡水面。

「從官能小說轉換跑道至一般文學時，那種銳利感分明也沒消失……究竟是怎麼了呢？」

「喀喇」傳來了紙被抓折的聲音。

是中田抓住了帳單。表情就像是告訴榎村「走吧」的樣子。

沒錯，必須要離開了。最好快點離開這裡。

無論是小說家或是漫畫家，對創作者來說最有殺傷力的就是受到批判、批評。雖然說只要發表作品，並以此維生的話，就必須要有所覺悟，但卻總是難以到達無論被說什麼都不以為意的境界……其中最嚴重的打擊就是來自老讀者的批評。

「是不是鬆懈了啊？」

金平說道。

「畢竟他當上作家也過了滿長的一段時間。說不定是到了不知道該寫些什麼的時期吧？因此，我想合作企劃正好是個很不錯的喘氣機會。」

「的確是也有這可能……畢竟還有合作的漫畫家在，應該不會有獨自鑽進死胡同的情況才對。不過……」

只出版過一本書的年輕作家繼續這麼說道。

創作故事本來就是非常孤獨的行為。

◈

我想拒絕大手田出版的合作提案……

聽到榎村這麼說的時候，中田立刻回答：

「嗯，好啊。」

——我們差不多也該專心在各自原本的工作上了。

——是啊，我也這麼想。

榎村的臉色不太好。這是在兩人一起前往大手田出版後一週左右發生的事。

在咖啡廳裡偶然聽到的對話，似乎讓榎村感到相當打擊。如果自己是榎村又會是什麼樣的心情呢……雖然同為創作者，中田可以大概想像得到他的心情，卻找不到可以安慰他的話。若是隨口安慰，反而像是在傷口上撒鹽一般殘酷。

中田原本有猜想到他應該會拒絕合作

提案，但卻沒想到榎村說出了更讓人意外的話。

——還有，我要搬家了。

——咦？

——算是轉換一下心情吧……覺得改變環境也是個不錯的選擇。如果沒有要繼續合作……就算不住你家隔壁，也沒什麼不方便的。

榎村的眼神幾乎不看向中田。雖然他乍看是個彆扭又難懂的男人，但其實只要稍微跟他認識後，就會知道他是個很好懂的人。每次遇到難說出口的話題時，總是會避開眼神；若是說著違背意義的話時，總是會微微垂下眼神。

——這樣啊，不過你說的也是啦！

中田反而輕鬆地回道。

——這麼一來，你就不會在我家喝自己不會喝的酒，再倒在桌上，最後還占據我的床鋪了。太好了、太好了。

——就是這樣。這個月二十號我就會搬家了。

——哎呀？還真快耶！

——我想快點換個環境，開始寫新的作品。這次我想寫長篇……希望可以成為我的代表作。

這次榎村則正面迎向了中田的眼神。雖然中田也不能說別人，但榎村也真是個**工作狂**，灌注在新作品的熱情肯定也是真心真意的吧！

將興趣當成工作——這不是任何人都能辦到的事。

能這麼做的中田與榎村可以算是非常幸運了。但相對的，他們也必須放棄純粹享受自己興趣的權利。小時候瘋狂沉迷的漫畫，已經是中田維生的支柱。現在無論看了多麼有趣的漫畫，中田總是會下意識地觀察、研究其中的發想、構成、角色及其他要素。甚至也會跟自己做比較。榎村應該也是這樣。要是讀了有趣又優秀的小說，也認為自己應該要寫出更好的作品，更因此感到焦急及掙扎。那份痛苦正是將興趣當作工作的代價，誰也無法分擔或是幫忙。

創作是孤獨的。在那咖啡廳裡，新人作家所說的話正是如此。

尋找還沒有人寫過的故事，就像是開拓無人走過的道路一般。如果說，創作者就像是特意選擇荒蕪小徑，避開許多人會選擇的，充滿了溫暖日光並鋪整得整齊好走的道路——像這種笨蛋，當然會孤獨。

不過這也沒辦法，雖然很笨，但就是喜歡這工作。

為了這麼笨的榎村，一樣也是笨蛋的中田便決定要做點什麼。人能相遇也是因為有緣。合作的對象是鄰居，而且還有著網購美食這相同的興趣，當然得好好準備美食，舉辦一場——

再見了乳乳，在新家也要加油喔！派對☆

中田因為不喜歡感傷的氣氛，打算將場面弄得熱鬧一點，四處找人來參加……

「為什麼只有你一個啊？」

當天，榎村在中田只有裝飾看來熱鬧的房間裡這麼說道。

「嗚嗚嗚……」

中田猛地跪了下來。

「這是因為……長谷川的嬰兒突然發燒了……小岩跟小稻則是趕著送印，偽娘總編輯得了流感，他的巨乳妻子也可能被傳染。偏偏在這種時候，中田一族一起去溫泉旅行……而榎村家的恩愛父母從上週去了……」

「波羅的海三國。」

「沒錯！正快樂地在愛沙尼亞、拉脫維亞、立陶宛旅行中！」

結果，就只有兩個人。

牆上布置的彩帶跟紙花看起來顯得更寂寞了……

「算了，沒什麼關係。反正我本來也覺得不過是搬家，竟然還特別辦再見派對實在太誇張了。」

「乳乳……你不生氣嗎……？」

「為什麼要生氣啊？又不是你的錯。而且我們不是也常跟編輯部的人吃飯喝酒嗎？現在這種兩個人的派對應該也很不錯吧？」

「乳乳……！你竟然變成一個這麼成熟的大人了！」

「早就是大人了。」

「變成大叔了！」

「早就是大叔了，你也是大叔啊……那你今天要讓我吃什麼？誰叫你說是特別的網購美食，我還特別期待，空著肚子而來呢！」

「啊！今天是咖哩……噗啊啊！」

碰噹！

中田的胸部受到魚雷攻擊……也就是榎村的頭槌攻擊。分明都是個大叔了，還能這樣毫不客氣地用頭槌攻擊別人，還真是令人佩服。

「咳咳……你、你幹嘛啦？」

中田倒退幾步，摸著被攻擊的部位。

但榎村還是沒有道歉，**「你是說咖哩嗎？」**憤怒地說道。

「你這個陰柔大叔！要慶祝我踏上光輝前途的離別派對菜單竟然是咖哩？咖哩分明已經是我們的國家的家常料理了吧？而且是每天都忙碌非凡的主婦們，在想要偷懶的時候才會做咖哩啊！只要用了日本優秀的咖哩塊，就連要失敗都很難！」

「我才不是使用咖哩塊呢！是速食咖哩啦！」

「竟然偷懶到這程度！這樣不是剩下煮飯這個步驟而已嗎？**而且努力的是電鍋，不是你耶！**」

「我們以前也沒有特別用心料理吧？根本就是直接打開網購美食吃而已！」

「I know、I know這種事，我自己也很清楚啊！所以你說要開派對時，我還以為是高級又珍貴的網購美食！像是松阪牛還是海膽或是鮭魚卵還是海膽！」

「你說了兩次海膽。」

「偏偏是咖哩！」

中田終於忍不住給越來越煩人的榎村一記頭槌。啊，這種整個身體都被牽引的感覺，還滿有趣的。

「嗚喔！」

「不准瞧不起咖哩！小心我把你沉到恆河裡喔！」

「我、我不是瞧不起咖哩。告訴你，我也是很喜歡咖哩的！如果要說一輩子都不能吃天婦羅，跟一輩子都不能吃咖哩，哪一邊比較痛苦的話，我肯定會選咖哩。咖哩已經是不可或缺的國民食物了，所以才會覺得它充滿了生活感啊！」

「就讓我來除掉那份生活感！」

中田大聲叫道。

接著他一轉身，啪沙一聲拿掉餐桌上蓋住的白布。

「好了，你看看。如果看了這美食還說充滿生活感拿種沙話，你要我跪下來或其他事我都答應！」

「……你剛剛中間說了什麼？」

「……我自己也不太清楚。」

「你這個白七。」

那大概是，「你這個白痴」的意思。

榎村有時候會突然冒出一句津輕腔之後，又恢復平常的樣子。

「所以？要在這裡倒進咖哩對吧？」

看見榎村手指著小小的銀色餐具後，「沒錯。」中田也點了點頭。

銀色，閃閃亮亮☆

時常可以在印度餐廳看到這種被稱為「銀盤」的不鏽鋼餐具……這也是網購來的。在又大又圓的銀盤上，擺著五個小餐具。其中有三個是空的，另外兩個則已經裝滿了料理。在大盤最寬闊的地方已經盛好了飯，旁邊還有圓圓的炸麵包。

「咖哩還在熱。其他還有炒高麗菜、優格沙拉、醃洋蔥喔！」

「哦……這個膨膨的是什麼？應該不是麵餅吧？」

「**『普里』**，是一種油炸過的全麥麵包。」

「原來如此，這米飯……又長又細，是印度米嗯？」

「沒錯，**巴斯馬蒂香米**。這也是我特地網購回來的。怎麼樣？這樣還敢說很有生活感嗎？」

「我不會再說了。」

只要看到好吃的食物，榎村就會變得老實。也可以說，除了看到美食以外，他一直都是個麻煩的大叔。

「陰叔助，快點加入咖哩，完成這盤完美的印度定食。我想想，印度都叫這個為Thali對吧？」

「我想叫Thali也沒什麼不對，但我這道咖哩的正確名稱是**Meals**。是南印度風的咖哩」

「南北有什麼不同？」

「哼……外行人就是不懂……如果要說最大的不同，就是南方主食會是稻米，北方則是穀物……」

「快點拿咖哩過來。」

中田難得想要展現自己的知識，卻被榎村的食欲給打斷了。不過，中田也不想讓難得的咖哩跟普里冷掉。他走進廚房，將之前預先在熱水中加熱的速食咖哩包放到大盤子上，端到外頭的餐桌上。

「喔喔！」

榎村眼神亮了起來，緊緊盯著速食咖哩包。

「原來有六種口味啊？而且全都是我沒聽過的咖哩。」

「因為南印度的咖哩在日本不太常見嘛！就算是街上的印度咖哩餐廳，也大多是味道濃又稠的北印度咖哩。其實南印度咖哩的味道很清爽喔！我也是在發現這間**『NISHIKIYA』**之前，根本不知道會有南印度咖哩的速食包。而且啊，說到這間NISHIKIYA……」

第一次看到NISHIKIYA的網路商店的時候，真的非常驚訝……

NISHIKIYA販賣的不僅是速食咖哩，也有賣湯品、粥品、西餐、韓國料理等商品，種類非常豐富。最棒的就是咖哩……不過那咖哩……

「NISHIKIYA是把咖哩跟印度料理分在不同種類的！」

「啊？咖哩不就是印度料理嗎？」

「我想他們也相當清楚這點，但還是特地分了出來。從這點就可以感受到他們的講究……印度料理的包裝，就是我手上這個，尺寸很小吧？」

「的確是滿小的。但這樣就可以一次吃二或三種了。」

「要是去咖哩專門店，不也大多都是這樣吃嗎？他們就是為了讓客人也可以在家裡享受到這種體驗，特地做成小包裝。好了，你要哪個？選三種吧。」

「這個嘛……唔……還真是令人煩惱的選擇……」

「呃，你也不用特地那麼誇張的擺出懊惱的姿勢啦！」

榎村經歷了與包裝大眼瞪小眼，煩惱許久之後，選擇了**桑巴、喀拉拉魚、香料湯**這三種。中田則是剩下的三種**青豆絞肉、喀拉拉燉菜、黑芝麻茄子**。

「有兩種喀拉拉耶！」

「好像是南印度的地名……啊，這份量果然剛剛好。」

將咖哩倒進不鏽鋼容器後，看起來就是相當完美的印度料理。能喝酒的人大概會在這種時候喝酒吧？但因為在這裡的是榎村與中田，他們便用拉西乾杯了。

「那麼，就祝福榎村老師搬家順利，今後的作家生活也能更加有所發展。因為**他個性還有點那個**，更希望他的人際關係能不出現問題……」

「不需要那麼長的致詞了，我要開動了。」

「好過分。」

明明是因為擔心才會這麼說，榎村卻為了咖哩而華麗地忽略中田，打算開始進食了。啊啊……腦海裡之所以會浮現無聊的大叔笑話，難道是榎村的壞影響嗎……

「首先，我想直接確認各種咖哩的味道。那我就先從桑巴開始。這個似乎是以豆子為基底的蔬菜咖哩………啊，嗯，**豆子！**」

榎村點著頭，「很好吃喔！」笑著看向中田。他只要吃到真的很美味的食物，就會笑得跟孩子一樣。

「這濃稠度真是恰到好處……是豆子本身的稠度嗎？那份濃稠一起包裹了其他的蔬菜，**口感相當溫柔。**雖然不會太辣，但卻充滿了辛香料的香氣。」

「印度好像很流行有加豆子的咖哩。是不是因為素食的人口很多啊？那我就先從青豆絞肉咖哩好了。椰奶基底的青豆絞肉咖哩……嗯嗯，**椰奶真是加得太好了！**口感柔順又美味！還以為絞肉料理會容易覺得油，卻一點都不會讓人覺得膩耶！難怪這會是受到眾人喜愛的咖哩啊！」

「我這個有點**酸酸的**耶！」

榎村開始吃起下一個咖哩。

「啊，那是香料湯。我很喜歡。究竟該說是咖哩還是湯品呢……它是南印度的家庭料理，每家的味道都會有點不同，就像是日本的味噌湯一樣。」

「**清爽又極具個性的酸味……這個是酸豆？**是酸豆的味道嗎？」

榎村不禁仔細地端詳起包裝。

「酸豆算是水果……嗎？雖然是豆科植物，但真的很酸。南印度有不少加入了酸豆的咖哩。」

「口感清爽，令人留下印象的辣度。實在是我第一次吃到的味道。雖然一開始嚇了一跳，但感覺之後似乎會迷上……」

「……嗯，我這個也是第一次吃到的味道……**黑芝麻基底的茄子咖哩**……帶著軟綿綿的咖哩口感。**分明是咖哩卻這麼柔軟……**啊，原來是茄子那個軟軟的部位啊！」

「也讓我吃一口……唔！真的很柔軟耶！」

「原本以為黑芝麻的味道吃起來會很膩，但完全不用擔心。而且黑芝麻對美容也很好喔！恰到好處的辣味，讓身體也跟著暖了起來……**辛香料實在是太偉大了！**」

啊啊！停不下來。

湯匙根本停不下來。

「我要吃喀拉拉魚了！這是喀拉拉地區的咖哩吧？說不定它離海很近喔！哦？又是酸豆的風味啊……跟魚湯根本就是絕配。魚是白肉魚嗎？我看看……包裝上寫著劍魚。雖然我很少吃魚肉咖哩，但還真是美味耶！不僅看起來也溫和，辣味也因為加了椰奶而變得柔和，怎麼會覺得這麼安心呢……**真是太適合最愛吃魚的日本人了**……我覺得自己好像可以住在喀拉拉了……」

「那我要吃吃看喀拉拉燉菜。跟其他的咖哩比起來，顏色比較接近白色。味道就跟外觀一樣柔和……卻充滿了清爽的香味……我看一下，**小豆蔻！**還真是優秀啊，小豆蔻！」

邊吃邊確認包裝，也是另一種樂趣。

「喂，錢德拉．陰叔丸爾。」

「在叫誰啦？」

「老身在印度時也做了一番思考……不對，是我針對這些咖哩思考了一下……如果在印度攪拌咖哩，是不是一件很沒有禮貌的事？」

聽到這個問題，中田也扯開嘴角笑了一笑。

「真不愧是榎村蘭迪。但是說沒有禮貌實在太過頭了。不管是將咖哩與咖哩混合、將咖哩跟飯混合、將咖哩跟其他配菜混合……這反而才是真正的南印度咖哩定食，Meals的正確吃法。」

「原來印度也有著拌飯文化！」

「好，來把咖哩淋到飯上吧！**然後攪拌！**乾脆也把普里撕碎**攪拌進去！**優格跟咖哩**一起混合**也很好吃喔！真的！」

「喔喔喔喔！混在一起之後，味道又有新的變化！**特別是香料湯！**只要將它與其他咖哩混合，酸味又會變成另一種新的料理……！不過，即使變成了新的料理，卻仍是種美味咖哩！真是太了不起了。」

混合、攪拌、混合。

雖然直接吃也很好吃，但還是混合攪拌看看吧！

攪拌之後會變得更好吃，攪拌混合看看吧。

想要混合攪拌什麼東西，每個人都各不相同，請試著自己混攪看看，創造出全新的美味。**盡量放膽地自由混合攪拌吧！**

這也是一種創作。

「啊——真沒想到青豆絞肉跟優格為什麼會這麼合！真沒想到在飯上淋優格，竟然能有這種美味。」

「這種優格裡面有加蔬菜嗎？」

「加了切碎的番茄跟黃瓜，還有一點鹽。」

「這邊的高麗菜拌進去後也很好吃。調味是……芥菜籽嗎？」

「沒錯沒錯，這叫做poriyal。芥菜籽還算好買，但咖哩葉我特地網購了。我也很想做印度薄餅，那個一起拌進去也很好吃。」

「印度薄餅？」

「用豆子做成像仙貝一樣的餅，吃起來很酥脆，也可以弄碎混進飯裡一起吃。

普里的話只要用炸的就可以了，但印度薄餅我就不知道作法了……啊，順帶一提，香米不是用蒸的，是要用水煮的，水煮之後在悶熟的感覺。所以不能用電鍋，要用一般鍋子。」

自己在家做出南印度定食料理真的很有趣。當然沒有專賣店裡的那麼正統，但多虧那些餐具，中田自認看起來已經算是相當不錯了。雖然他並不擅長料理，但若有時間，自己做菜也是相當有趣。

「……全都是你做的嗎？」

「咦？」

「煮米、炸普里麵包、將高麗菜切成絲之後調味，還有優格……都是你自己做的？」

「啊，對啊。呃……不過，咖哩是速食包，醃洋蔥也是買來的。其他料理都沒那麼麻煩啊！」

「你在說什麼傻話啊？十分麻煩吧！拿這道高麗菜來說好了，光是切就很辛苦了。還有小黃瓜跟番茄……無論是多麼簡單的料理，都需要功夫跟時間。要是不習慣做這些事的話，就更不用說了。所以我才不做菜，那些功夫跟時間對我來說太可惜了。」

榎村看著放在自己眼前的咖哩，繼續說道：

「可是你卻願意替我做這些準備……謝謝。」

唔哇！唔哇！榎村居然一臉認真地道謝了！怎麼辦！該怎麼回答啊？因為實在太難看到榎村這樣子，中田不禁煩惱不知道該怎麼反應。而且，說出這話的本人似乎也因為很害羞而低下頭，更讓中田感到不知所措。

「手！」

中田突然沒頭沒腦地冒出了一句話，聲音也變得有點奇怪。榎村則是一臉奇怪地望向中田。

「乾脆試著用手吃吃看吧！」

「用手？」

「沒錯。我去拿個洗指碗過來！」

快速說完後中田就站起身來，逃進了廚房。

深呼吸冷靜一下之後，中田便拿出兩個代替洗指碗的小碗。所謂的洗指碗，就是裡頭裝了水供人洗手指用的容器。

話說回來，沒想到榎村竟然也能這麼老實地道謝。

看來榎村的精神應該受到不少打擊。其實中田也很在意，稍微查了一下榎村新作品的書評。他找的不是一般讀者所寫的書評，而是書評家或書店員所寫的評論。雖然不是特別不好的評論，但那些評論裡共通寫到的就是「好像有什麼不夠」。這大概就是之前咖啡廳裡那位新人作家所說的，「少了以前的銳利」吧。

但這個問題……就算榎村搬家也不能有所解決。

榎村作品裡的鋒利感之所以會變鈍，並不只是因為與中田及其他周圍的人變得親近……這麼單純的問題。雖然現實與創作的確有所關聯，但卻不是一致。這也是理所當然的。若是要否定，那中田也非得是巨乳美少女才行了。

榎村他應該也很清楚。

雖然很清楚，卻仍然坐立不安，非得要做些什麼才行。他的心裡應該有這種焦慮感吧？

「來，我也幫乳乳拿了洗指碗來了。其實我去餐廳吃的時候，都是用手吃的。只要試過一次，就會覺得比用湯匙吃方便許多……啊，但不習慣的話，的確是不太方便吃。你還是可以用湯匙的。」

「不，我想用手吃吃看。」

「這樣啊？」中田教了榎村簡單的吃法。只用右手，將吸了咖哩湯汁的米飯稍微集中在一起後，撥到手指上，再用大拇指輕輕推入口中。但無論怎麼說，身為習慣使用筷子的國家居民來說，對這方法還是多少感到有些不自在。

但是，過一下子就會習慣，也會知道就連手指尖也是有味覺的。也就是說，用手指感覺到食物的溫度與質感，也是一種味道。

「唔嗯唔嗯……**怎麼回事？還真有趣。**」

「就是說吧！而且用手指攪拌的話，感覺就像回到孩提時代。」

「啊——的確是有種用湯匙反而很難體會到的味道存在……」

「沒錯。」

「不過，這個是我手指的味道嗎……今天最後一次洗手是什麼時候……」

「喂！你這是……」

「哈哈哈！開玩笑的。我在吃飯前有洗手了。啊，真好吃。拌在一起吃真的是有趣又美味。普里的柔韌口感也很棒。」

「嗯，謝謝。」

被稱讚自然是就要道謝——沒問題，表現得很自然。

中田看到有些笨拙吃著咖哩的榎村，心裡不禁想著，之後再也不能一起度過這種時間了，實在是有點寂寞。雖然榎村很自戀，還以為他很自我中心時，卻能發現他也有相當神經質的地方，實在是位不太好相處的大叔小說家——但至少也有一些優點。比方說……比方說……嗯嗯？呃……咦……應該有優點才對吧……？

「雖然咖哩就是要辣，但也不是說只要夠辣就好。」

「咦？啊、嗯。」

中田回神後，跟著點了點頭。盤裡的咖哩已經剩下一半不到了。

「辛辣就是刺激，但人也總是會逐漸習慣於刺激。偶爾不是會遇到異常喜歡吃辣的人嗎？我想他們應該是因為味覺已經習慣辛辣，已經越來越麻痺了。所以無法感覺到超級不辣跟辣的味道了吧……」

「說的也是，辣味跟鹹味的確是容易習慣。」

「你不覺得……小說跟漫畫也是這樣嗎？」

喔？突然就要談這話題嗎？但榎村看起來並不像要討論困難話題的樣子，只是自然地將盤上的米飯與咖哩攪拌，不斷地吃著。

「你覺得讀者已經習慣了刺激的故事嗎？」

「嗯，這也是原因之一，但也有習慣作者風格的時候吧！」

「啊──……」

「我的短篇新作品被說了『好像缺了點什麼』對吧……雖然我創作時，跟平常幾乎沒什麼改變，不過，這樣是不對的。大家已經開始習慣我的風格了……那我也非得做出點改變才行。」

「可是，要這麼做也很難吧？要是改變得太大，那就不是榎村遙華了。」

「這我倒是不擔心。無論我打算怎麼改變，但最深層的根基還是不會改變。」

「這樣啊……」

「真的要說起來，問題反而是能不能改變。就算看起來再怎麼年輕，我也已經是個大叔了。」

「什麼時候有『看起來年輕』這種說法啊？」

「不過，打個比方來說，如果我最深層的根基是咖哩，可是咖哩也有各種多樣的口味吧……這裡的咖哩有幾種口味？」

被這麼一問，中田便拿起了傳單。

「這種的印度咖哩是在印度料理這個分類裡頭……嗯……32種。」

「**32？**就連咖哩專賣店也沒辦法做那麼多口味吧？」

「就是說啊……到底是什麼樣的動力驅使『NISHIKIYA』這麼熱切地製作咖哩呢……我也有看過他們官網，似乎**每年都會去印度研修**喔……」

「真的嗎？」

「真的啊！」

「……我剛剛說到哪裡了？啊，對了！既然咖哩都能有這麼多口味了，我應該也可以多做一點不同的嘗試！就是這樣！」

聽到榎村這番不像小說家會做的雜亂結論之後，中田不禁笑了出來。雖然榎村不太高興被這麼嘲笑，但最後還是一臉不滿地將中田還沒吃完的青豆絞肉整碗搶了過去。

「啊！你做什麼啊！」

「我還想要混入更多料理！因為混在一起很好吃！」

「我也是啊……啊，好了啦！我知道了！我這裡還有其他速食包，現在去加熱就是了！」

「還有嗎？」

「我一次訂了不少！」

「什麼嘛！早說呀！中田田～快告訴我，在哪裡呀？還有沒有米飯？有的話，哥哥我會很高興的！」

「煩死人了，大叔！」

兩個人一起踏入了廚房，開始選起了咖哩。其實……中田一口氣買了所有的咖哩。那六種正好是最能讓人感受到南印度風味的口味。

「這看起來很好吃耶。」

「我也想吃吃這個！」

辛辣的、溫和的、微酸的。

肉類、蔬菜、南方北方。

這麼多種的咖哩不僅單吃好吃，要是混在一起更能產生嶄新的美味。

中田與榎村的合作是否也是如此呢？

讀者們是否覺得很有趣呢？

若真如此，那就太好了。

中田這麼想著，一轉頭就看到煩惱著該選什麼咖哩的榎村。看著他那比工作時還要認真的側臉，中田忍不住小小聲地笑了出來。

◈

再見咖哩派對三天後，榎村搬家了。

九點準時開始的搬家工程，中午一點順利結束，榎村也與貨車一起慌慌張張地離開了。雖然他說一穩定下來就會聯絡，但誰知道呢……人只要實際上有了距離，精神上也會隨之有所距離。

中田隔壁的房間，現在已經變得空空蕩蕩的了。

總覺得就連自己的房間也變得有些寒冷。雖然這種事不可能發生，卻的確有了這種感覺。

傍晚，中田踏上了陽台。

從陽台看到的櫻花樹已經沒有粉紅色的花瓣；不知不覺中，櫻花逐漸凋謝了。這也讓中田再次感受到一切萬物都流逝在轉眼之間。

榎村應該已經到新家了吧？

現在可能在拆著紙箱吧？話說回來，今後該怎麼網購才好。

一個人吃不完的時候該怎麼辦？

跟別人一起享用時，會覺得更美味的時候呢？

春天的強風吹拂著。

雖然頭髮被風吹亂了，但是中田不予理會。反正也沒人看到。

之所以會這麼感傷，一定是因為運動不足。聽說肌肉可以讓人變得積極。好，那來做個深蹲吧……在中田擺出馬步的瞬間，對面公寓的窗戶也打開了。啊，還是不要深蹲好了。雖然中間有條馬路，但要是同個樓層，說不定會在陽台對上眼……

啊，就說了吧！

眼鏡男看向了中田。

當中田客氣地點頭致意時——下一秒又立刻將頭抬了起來。

「搬家結束☆」

看著在對面豎起大拇指的眼鏡笨蛋，中田只能呆滯地張著嘴……

但過了幾秒之後他又暴怒，隔著陽台像機關槍一樣地對著榎村大罵，榎村也隨之應戰，最後從下方傳出了：

「你們兩位～這樣很吵喔～請冷靜點——」

鬼女島笑咪咪地發出了提醒。

last order／END

宅配美食 *Information*

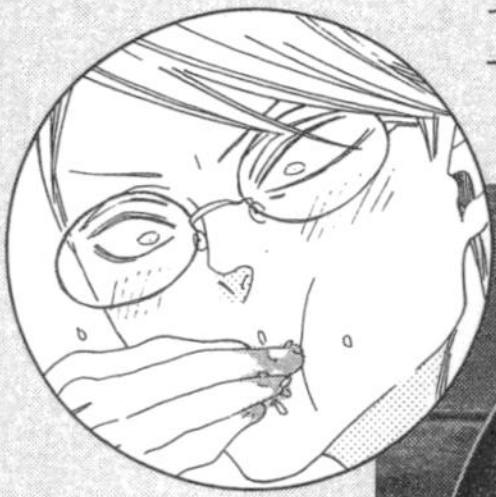

南印度咖哩套組 100g（各１種）

[NISHIKIYA]

[價格] ４種／日幣1,300圓（本體價格）＋稅
[保存期限] 製造後18個月

４種速食咖哩包為青豆絞肉、桑巴、香料湯與喀拉拉魚。由於負責開發的人員每年都會在印度學習咖哩之後再行製造，消費者也能輕鬆在家裡享受真正的印度咖哩。光是印度咖哩就多達32種，也可以互相搭配嘗試各種美味。其他還有西餐、湯品等各種商品。

⇒ http://nishikiya-shop.com/

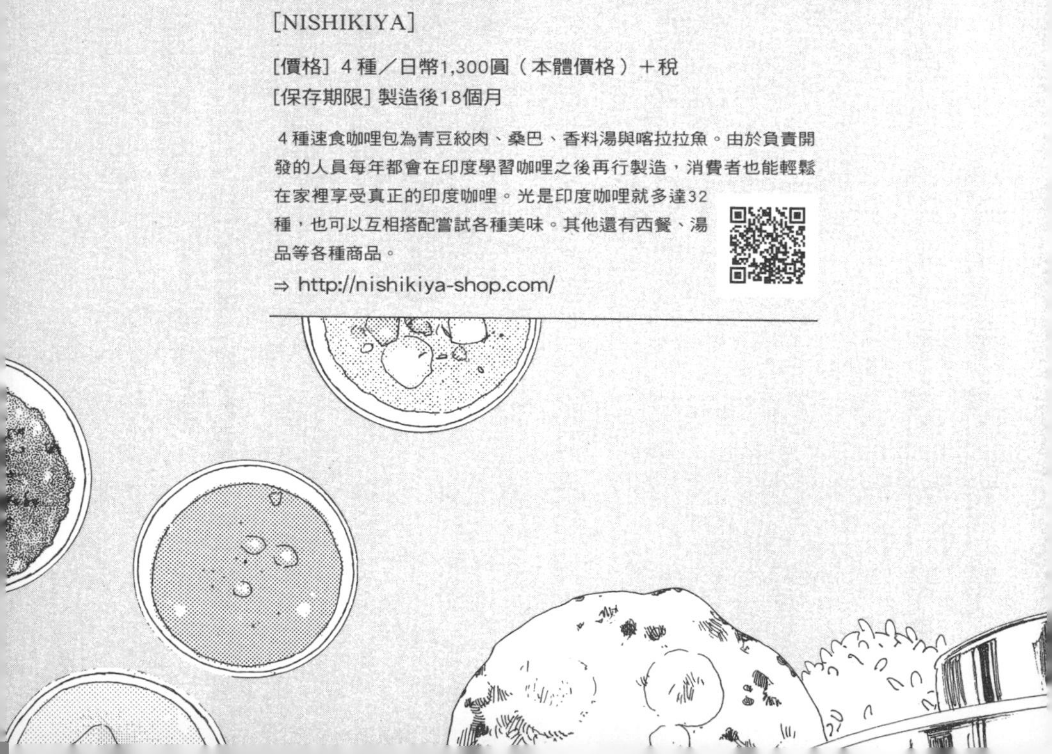

Sensei's
"Otori-yose"
★ ★ ★
網購美食
宅幸福

網購美食將會不斷下去

虎貓宅急便

第二本了。真的沒想到還能出版第二集。
真的非常感謝各位。

設定像是出來搞笑的兩位大叔也經歷了風風雨雨，
在個人及作家這兩方面都變得圓滑也成長了不少。
像這類感動的橋段我幾乎都交給榎田老師去創作……
真是不好意思。

許多的人透過網購美食有了美好的聯繫……
這樣真是太棒了。
大概就是這樣的故事，不知各位覺得如何呢？

在創作本書時，真的受到許多人的照顧幫忙。
特別是榎田尤利老師。
工石編輯、工本編輯、U川設計師、S藤編輯，
還有爽快答應讓我們介紹商品的製造商們。
家人、朋友以及閱讀本書的各位，
希望各位都過得幸福快樂。

2017.

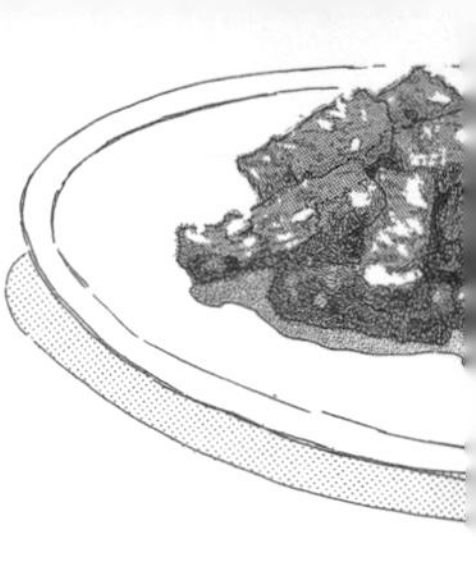

俗話說「餓著肚子無法打仗」，但就算肚子飽飽最好也不要打仗，而且要是肚子餓了，反而會很焦躁，別說打仗了，也很容易跟人吵架呢～我是正想著這些事的榎田尤利。

《網購美食宅幸福》出版了第二集！真的是又開心又感謝。這都是承蒙全國各地的肚子餓餓讀者們喜愛。雖然乳乳跟陰叔（容易忘記本名）到了第二集還是沒什麼改變，但在介紹好吃的網購美食的部分，每次都是使勁了全力。希望各位也能與他們品嘗相同的網購美食。衷心感謝大力協助我們的廠商與生產者們。

這次也跟上次一樣採用了在明日美子老師的漫畫寄來之前，我根本無法得知故事會怎麼發展，相當讓人感到興奮又緊張的接力方式。當然明日美子老師那邊也是一樣，在我的小說寄過去之前，完全不知道會有什麼變化。即使如此，故事還是能漂亮地畫下句點，對我來說真的是份非常有趣＆美味的工作。在此感謝我的夥伴，中村明日美子老師。另外，也很辛苦替我們調整各方面細節的責編們。非常謝謝大家。

為了自己而買的網購美食，為了別人而買的網購美食。

適合拍照上傳ＩＧ也很好，不適合也沒關係。

美食總是會讓我們感到幸福。就算有時會有痛苦或悲傷，只要能覺得「好吃」，就一定還沒問題。如果還會想到跟別人一起分享，那就更不用擔心了。

那麼，就一起笑著說「我要開動了」吧！

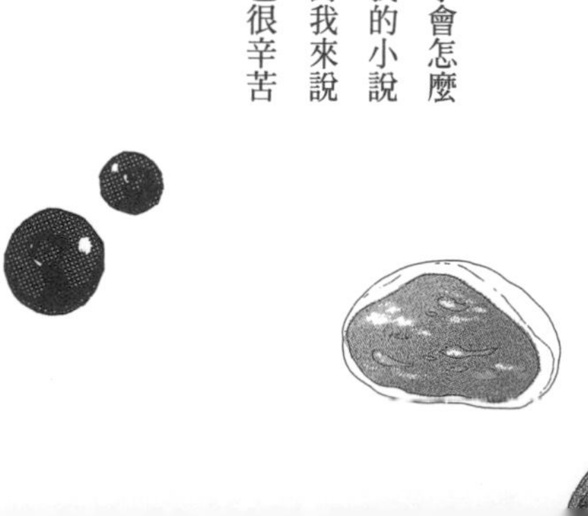

SPP COMIC

網購美食宅幸福②

（原名：先生のおとりよせ 2）

漫畫・插畫／中村明日美子　小說／榎田尤利
譯者／熊次郎
副總經理／陳君平　國際版權／黃令歡・李子琪
執行編輯／羅怡芳　美術編輯／陳又荻

發行人／黃鎮隆
法律顧問／王子文律師 元禾法律事務所 台北市羅斯福路三段37號15樓
出版／城邦文化事業股份有限公司 尖端出版
台北市中山區民生東路二段141號10樓
電話：（02）2500-7600 傳真：（02）2500-1974
E-mail：4th_department@mail2.spp.com.tw
發行／英屬蓋曼群島商家庭傳媒股份有限公司
城邦分公司 尖端出版
台北市中山區民生東路二段141號10樓
電話：（02）2500-7600 傳真：（02）2500-1974
讀者服務信箱E-mail：marketing@spp.com.tw
北中部經銷／楨彥有限公司
Tel:(02)8919-3369 Fax:(02)8914-5524
雲嘉經銷／智豐圖書股份有限公司 嘉義公司
Tel:(05)233-3852 Fax:(05)233-3863
南部經銷／智豐圖書股份有限公司 高雄公司
Tel:(07)373-0079 Fax:(07)373-0087
香港經銷／一代匯集 香港九龍旺角塘尾道64號龍駒企業大廈10樓B&D室
Tel:(852)2783-8102 Fax:(850)2782-1529

2019年10月1版1刷

郵購注意事項：
1.填妥劃撥單資料：帳號：50003021號　戶名：英屬蓋曼群島商家庭傳媒（股）公司城邦分公司。 2.通信欄內註明訂購書名與冊數。3.劃撥金額低於500元，請加附掛號郵資50元。如劃撥日起10～14日，仍未收到書時，請洽劃撥組。劃撥專線TEL：（03）312-4212・FAX：（03）322-4621。